现代林业生态建设与治理模式创新研究

Research on the Innovation of Modern Forestry Ecological Construction and Governance Mode

王启君◎著

辽宁人民出版社

图书在版编目（CIP）数据

现代林业生态建设与治理模式创新研究 / 王启君著
. —沈阳：辽宁人民出版社，2024.9
ISBN 978-7-205-11089-5

Ⅰ.①现… Ⅱ.①王… Ⅲ.①林业—生态环境建设—研究 ②林业—生态环境—环境治理—研究 Ⅳ.①S718.5

中国国家版本馆 CIP 数据核字（2024）第 065881 号

出版发行：辽宁人民出版社
地址：沈阳市和平区十一纬路 25 号　邮编：110003
电话：024-23284321（邮　购）　024-23284324（发行部）
传真：024-23284191（发行部）　024-23284304（办公室）
http：//www.lnpph.com.cn
印　　刷：沈阳海世达印务有限公司
幅面尺寸：170mm × 240mm
印　　张：11.25
字　　数：155 千字
出版时间：2024 年 9 月第 1 版
印刷时间：2024 年 9 月第 1 次印刷
责任编辑：张天恒　王晓筱
装帧设计：识途文化
责任校对：吴艳杰
书　　号：ISBN 978-7-205-11089-5

定　　价：68.00 元

前　言

现代林业是历史发展到今天的产物，是现代科学、经济发展和生态文明建设的必然结果。

森林承载着人类的过去，更支撑着人类的未来。森林生态环境是人类生存的基本条件，是社会经济发展的重要基础。当今世界正面临着森林资源减少、水土流失、土地沙化、环境污染，以及部分生物物种濒临灭绝等一系列生态危机。各种自然灾害频繁发生，严重威胁着人类的生存和社会经济的可持续发展。保护森林、发展林业、改善环境、维护生态平衡，已成为全球环境问题的主题，越来越受到国际国内社会的普遍关注。

气候变暖、自然灾害频发、土地荒漠化、生物多样性减少等生态问题，引发了国际社会前所未有的深刻反思。世界各国积极应对各种生态问题带来的新挑战，开始重新思考并采取各种措施促进可持续发展。在此大背景下，国内外专家学者十分关注生态建设驱动力问题的研究，尝试从不同角度探讨和解释生态建设的系统动力，并提出了一些理论和对策，试图寻找新的驱动路径和战略选择，以改变目前这种被动状况。由于各国自然经济社会条件的差异，不同国家对生态建设驱动力问题的研究体现出不同特点。从世界范围来看，欧洲国家提出了生态现代化发展理论，致力于推进欧盟国家的环境合作进程，并积极向其他国家传播生态现代化理念。

本书在编写过程中，搜集、查阅、参考了大量前人的相关研究成果，在此向所有前辈和广大同人致以诚挚的敬意和谢意！由于时间仓促，加之编者能力有限，书中难免有错漏谬误之处，请批评指正！

目 录

第一章　现代林业基本理论

第一节　我国林业资源功能

一、我国林业资源的分布

（一）森林资源

林业资源的核心是森林资源，根据《中国森林资源状况》，在行政区划的基础上，依据自然条件、历史条件和发展水平，把全国划分为东北地区、华北地区、西北地区、华中地区、华南地区、华东地区和西南地区，进行森林资源的格局特征分析。

1.东北地区

东北林区是中国重要的重工业和农林牧生产基地，包括辽宁、吉林和黑龙江，跨越寒温带、中温带、暖温带，属大陆性季风气候。除长白山部分地段外，地势平缓，分布有落叶松、红松林及云杉、冷杉和针阔混交林，是中国森林资源最集中分布区之一[①]。

2. 华北地区

华北地区包括北京、天津、河北、山西和内蒙古。该区自然条件差异较大，跨越温带、暖温带，以及湿润、半湿润、干旱和半干旱区，属大陆性季风气候。分布有松柏林、松栎林、云杉林、落叶阔叶林，以及内蒙古东部兴安落叶松林等多种森林类型。除内蒙古东部的大兴安岭为森林资源集中分布的林区外，其他地区均为少林区。

3. 西北地区

西北地区包括陕西、甘肃、宁夏、青海和新疆。该区自然条件差，生态环境脆弱，境内大部分为大陆性气候，寒暑变化剧烈，除陕西和甘肃东南部降水丰富外，其他地区降水量稀少，为全国最干旱的地区，森林资源稀少，森林覆盖率仅为8.16%，森林主要分布在秦岭、大巴山、小陇山、洮河和白龙江流域、黄河上游、贺兰山、祁连山、天山、阿尔泰山等处，以暖温带落叶阔叶林、北亚热带常绿落叶阔叶混交林以及山地针叶林为主。

4. 华中地区

华中地区包括安徽、江西、河南、湖北和湖南。该区南北温差大，夏季炎热，冬季比较寒冷，降水量丰富，常年降水量比较稳定，水热条件优越。森林主要分布在神农架、沅江流域、资江流域、湘江流域、赣江流域等处，主要为常绿阔叶林，并混生落叶阔叶林，马尾松、杉木、竹类分布面积也非常广。

5. 华南地区

华南地区包括广东、广西、海南和福建。该区气候炎热多雨，无真正的冬季，跨越南亚热带和热带气候区，分布有南亚热带常绿阔叶林、热带雨林和季雨林。

---

①赵持云．探讨生态环境保护下的林业经济发展[J]．山西农经，2022(15)：120-122.

6. 华东地区

华东地区包括上海、江苏、浙江和山东。该区邻近海岸地带，其大部分地区因受台风影响获得降水，降水量丰富，而且四季分配比较均匀，森林类型多样，树种丰富，低山丘陵以常绿阔叶林为主。

7. 西南地区

西南地区包括重庆、四川、云南、贵州和西藏。该区垂直高差大，气温差异显著，形成明显的垂直气候带与相应的森林植被带，森林类型多样，树种丰富。

（二）湿地资源

1. 沼泽分布

我国沼泽以东北三江平原、大兴安岭、小兴安岭、长白山地、四川若尔盖和青藏高原为多，各地河漫滩、湖滨、海滨一带也有沼泽发育，山区多木本沼泽，平原则草本沼泽居多。

2. 湖泊湿地分布

我国的湖泊湿地主要分布于长江及淮河中下游、黄河及海河下游和大运河沿岸的东部平原地区湖泊、蒙新高原地区湖泊、云贵高原地区湖泊、青藏高原地区湖泊、东北平原地区与山区湖泊。

3. 河流湿地分布

因受地形、气候影响，河流在地域上的分布很不均匀，绝大多数河流分布在东部气候湿润多雨的季风区；西北内陆气候干旱少雨，河流较少，并有大面积的无流区。

4. 近海与海岸湿地

我国近海与海岸湿地主要分布于沿海省份，以杭州湾为界，杭州湾以北除山东半岛、辽东半岛的部分地区为岩石性海滩外，多为沙质和淤泥质海滩，由环渤海滨海和江苏滨海湿地组成；杭州湾以南以岩石性海滩为主，主要有钱塘江杭州湾湿地、晋江口泉州湾湿地、珠江口河口湾和北部湾湿地等。

5.库塘湿地

库塘湿地属于人工湿地，主要分布于我国水利资源比较丰富的东北地区、长江中上游地区、黄河中上游地区以及广东等。

二、我国林业的主要功能

根据联合国《千年生态系统评估报告》，生态系统服务功能包括生态系统对人类可以产生直接影响的调节功能、供给功能和文化功能，以及对维持生态系统的其他功能具有重要作用的支持功能（如土壤形成、养分循环和初级生产等），生态系统服务功能的变化通过影响人类的安全、维持高质量生活的基本物质需求、健康，以及社会文化关系等而对人类福利产生深远的影响。林业资源作为自然资源的组成部分，同样具有调节、供给和文化三大服务功能。调节服务功能包括固碳释氧、调节小气候、保持水土、防风固沙、涵养水源和净化空气等方面，供给服务功能包括提供木材与非木质林产品，文化服务功能包括美学与文学艺术、游憩与保健疗养、科普与教育等方面。

（一）固碳释氧

森林作为陆地生态系统的主体，在稳定和减缓全球气候变化方面起着至关重要的作用。森林植被通过光合作用可以吸收固定二氧化碳，成为陆地生态系统中二氧化碳最大的储存库和吸收器。而毁林开荒、土地退化、筑路和城市扩张导致毁林，也导致温室气体向大气排放。以森林保护、造林和减少毁林为主要措施的森林减排已经成为应对气候变化的重要途径。

人类使用化石燃料、进行工业生产以及毁林开荒等活动导致大量的二氧化碳向大气排放，使大气二氧化碳浓度显著增加。陆地生态系统和海洋吸收其中的一部分排放，但全球排放量与吸收量之间仍存在不平衡。这就是科学界常常提到的二氧化碳失汇现象。

最近几十年来，城市化程度不断加快，人口数量不断增长，工业生产逐渐密集，呼吸和燃烧消耗了大量氧气、排放了大量二氧化碳。迄今

为止，任何发达的生产技术都不能代替植物的光合作用。地球大气中大约有1.2×10^{2}吨氧气，这是绿色植物经历大约32亿年漫长岁月，通过光合作用逐渐积累起来的，现在地球上的植被每年可新增7.0×10^{10}吨氧气。据测定，一株100年生的山毛榉树（具有叶片表面积1600平方米）每小时可吸收二氧化碳2.35千克，释放氧气1.71千克；1公顷森林通过光合作用，每天能生产735千克氧气，吸收1005千克二氧化碳。

（二）调节小气候

1.调节农田温度作用

林带改变气流结构和降低风速作用的结果必然会改变林带附近的热量收支，从而引起温度的变化。但是，这种过程十分复杂，影响防护农田内气温的因素不仅包括林带结构、下垫面性状，还涉及风速、湍流交换强弱、昼夜时相、季节、天气类型、地域气候背景等。

在实际蒸散和潜在蒸散接近的湿润地区，防护区内影响温度的主要因素为风速，在风速降低区内，气温会有所增加；在实际蒸散小于潜在蒸散的半湿润地区，由于叶面气孔的调节作用开始产生影响，一部分能量没有被用于土壤蒸发和植物蒸腾而使气温降低，因此这一地区的防护林对农田气温的影响具有正负两种可能性。在半湿润易干旱或比较干旱地区，由于植物蒸腾作用而引起的降温作用比因风速降低而引起的增温作用相对显著，因此这一地区防护林具有降低农田气温的作用。我国华北平原属于干旱半干旱季风气候区，该地区的农田防护林对温度影响的总体趋势是夏秋季节和白天具有降温作用，在春冬季节和夜间气温具有升温及气温变幅减小作用。据河南省林业科学研究院测定：豫北平原地区农田林网内夏季日平均气温比空旷地低0.5～2.6℃，在冬季比空旷地高0.5～0.7℃；在严重干旱的地区，防护林对农田实际蒸散的影响较小，这时风速的降低成为影响气温的决定因素，防护林可导致农田气温升高。

2.调节林内湿度作用

在防护林带作用范围内，风速和湍流交换的减弱，使得植物蒸腾和土壤蒸发的水分在近地层大气中逗留的时间相对延长，因此，近地面的空气湿度常常高于旷野。黄淮海平原黑龙港流域农田林网内活动面上相对湿度大于旷野，其变化值在1%～7%；江汉平原湖区农田林网内相对湿度比空旷地提高了3%～5%。据在甘肃河西走廊的研究：林木初叶期，林网内空气相对湿度可提高3%～14%，全叶期提高9%～24%，在生长季节中，一般可使网内空气湿度提高7%左右；小麦乳熟期间，麦桃、麦梨间作系统空气相对湿度比单作麦田分别提高9.5%、3%和13.1%。据研究，株行距4米×25米的桐粮间作系统、3米×20米的杨粮系统在小麦灌浆期间，对比单作麦田，相对湿度分别提高7%～10%和6%～11%，可有效地减轻干热风对小麦的危害；幼龄期春季防护林网内空气湿度比旷野高6.89%。

3.调节风速

防护林最显著的小气候效应是防风效应或风速减弱效应。人类营造防护林最原始的目的就是借助于防护林减弱风力，减少风害。故防护林素有“防风林”之称。防护林减弱风力的主要原因有：（1）林带对风起一种阻挡作用，改变风的流动方向，使林带背风面的风力减弱；（2）林带对风的阻力，从而夺取风的动量，使其在地面逸散，风因失去动量而减弱；（3）减弱后的风在下风方向不要经过很久即可逐渐恢复风速，这是因为通过湍流作用，有动量从风力较强部分被扩散。从力学角度而言，防护林防风原理在于气流通过林带时，削弱了气流动能而减弱了风速。动能削弱的原因来自三个方面：其一，气流穿过林带内部时，由于与树干及枝叶的摩擦，部分动能转化为热能部分，与此同时由于气流受林木类似筛网或栅栏的作用，将气流中的大漩涡分割成若干小旋涡而消耗了动能，这些小旋涡又互相碰撞和摩擦，进一步削弱了气流的大量能量；其二，气流翻越林带时，在林带的抬升和摩擦下，与上空气流汇

合，损失部分动能；其三，穿过林带的气流和翻越林带的气流，在背风面一定距离内汇合时，又造成动能损失，致使防护林背风区风速减弱最为明显。

（三）保持水土

1.森林对降水的再分配作用

降水经过森林冠层后发生再分配过程。再分配过程包括三个不同的部分，即穿透降水、茎流水和截留降水。穿透降水是指从植被冠层上滴落下来的或从林冠空隙处直接降落下来的那部分降水；茎流水是指沿着树干流至土壤的那部分水分；截留降水系指雨水以水珠或薄膜形式被保持在植物体表面、树皮裂隙中以及叶片与树枝的角隅等处，截留降水很少到达地面，而是通过物理蒸发返回到大气中。

森林冠层对降水的截留受到众多因素的影响，主要有降水量、降水强度和降水的持续时间以及当地的气候状况，并与森林组成、结构、郁闭度等因素密切相关。根据观测研究，我国主要森林生态系统类型的林冠年截留量平均值为134.0～626.7毫米，变动系数为14.27%～40.53%。热带山地雨林的截留量最大，为626.7毫米，寒温带、温带山地常绿针叶林的截留量最小，只有134.0毫米，两者相差4.68倍。我国主要森林生态系统林冠的截留率的平均值为11.40%～34.34%，变动系数为6.86%～55.05%。亚热带、热带西南部高山常绿针叶林的截留损失率最大，为34.34%；亚热带山地常绿落叶阔叶混交林截留损失率最小，为11.4%。

研究表明，林分郁闭度对林冠截留的影响远大于树种间的影响。森林的覆盖度越高，层次结构越复杂，降水截留的层面越多，截留量也越大。例如，川西高山云杉、冷杉林，郁闭度为0.7时，林冠截留率为24%，郁闭度降为0.3时，截留率降至12%；华山松林分郁闭度从0.9降为0.7，林冠截留率降低6.08%。

2.森林对地表径流的作用

（1）森林对地表径流的分流阻滞作用

当降雨量超过森林调蓄能力时，通常产生地表径流，但是降水量小于森林调蓄水量时也可能会产生地表径流。分布在不同气候地带的森林都具有减少地表径流的作用。在热带地区，对热带季雨林与农地（刀耕火种地）的观测表明，林地的地表径流系数在10%以下，最大值不到10%；而农地则多为10%～50%，最大值超过50%，径流次数也比林地多约20%，径流强度随降雨量和降雨时间增加而增大的速度和深度也比林地突出。

（2）森林延缓地表径流历时的作用

森林不但能够有效地削减地表径流量，还能延缓地表径流历时。一般情况下，降水持续时间越长，产流过程越长；降水初始与终止时的强度越大，产流前土壤越湿润，产流开始的时间就越快，而结束径流的时间就越迟。这是地表径流与降水过程的一般规律。从森林生态系统的结构和功能分析，森林群落的层次结构越复杂，枯枝落叶层越厚，土壤孔隙越发育，径流开始的时间就越迟，结束径流的时间相对较晚，森林削减和延缓地表径流的效果越明显。例如，在相同的降水条件下，不同森林类型的径流与终止时间分别比降水开始时间推迟7～50分钟，而结束径流的时间又比降水终止时间推后40～500分钟。结构复杂的森林削减和延缓径流的作用远比结构简单的草坡地强。在多次出现降水的情况下，森林植被出现的洪峰均比草坡地的低；而在降水结束，径流逐渐减少时，森林的径流量普遍比草坡地大，明显地显示出森林削减洪峰、延缓地表径流的作用。但是，发育不良的森林，如只有乔木层，无灌木、草本层和枯枝落叶层，森林调节径流量和延缓径流过程的作用会大大削弱，甚至也可能产生比草坡地更高的径流流量。

（3）森林对土壤水蚀的控制作用

森林地上和地下部分防止土壤侵蚀的功能，主要有几个方面：①林冠可以拦截相当数量的降水量，减弱暴雨强度和延长其降落时间；②可以保护土壤免受破坏性雨滴的机械破坏作用；③可以提高土壤的入渗力，抑制地表径流的形成；④可以调节融雪水，使吹雪的程度降到最

低；⑤可以减弱土壤冻结深度，延缓融雪，增加地下水储量；⑥根系和树干可以对土壤起到机械固持作用；⑦林分的生物小循环对土壤的理化性质，抗水蚀、风蚀能力起到改良作用。

（四）防风固沙

1.固沙作用

森林以其茂密的枝叶和聚积枯落物庇护表层沙粒，避免风的直接作用；同时植被作为沙地上一种具有可塑性结构的障碍物，使地面粗糙度增大，大大降低近地层风速；植被可加速土壤形成过程，提高黏结力，根系也起到固结沙粒的作用；植被还能促进地表形成“结皮”，从而提高临界风速值，增强了抗风蚀能力，起到固沙作用，其中植被降低风速作用最为明显也最为重要。植被降低近地层风速作用大小与覆盖度有关，覆盖度越大，风速降低值越大。内蒙古农业大学林学院通过对各种灌木测定，当植被覆盖度大于30%时，一般都可降低风速40%以上。

2.阻沙作用

由于风沙流是一种贴近地表的运动现象，因此，不同植被固沙和阻沙能力的大小，主要取决于近地层枝叶分布状况。近地层枝叶浓密、控制范围较大的植物，其固沙和阻沙能力也较强。在乔、灌、草三类植物中，灌木多在近地表处丛状分枝，固沙和阻沙能力较强。乔木只有单一主干，固沙和阻沙能力较小，有些乔木甚至树冠已郁闭，表层沙仍然继续流动。多年生草本植物基部丛生亦具固沙和阻沙能力，但比之灌木植株低矮，固沙范围和积沙数量均较低，加之入冬后地上部分干枯，所积沙堆因重新裸露而遭吹蚀，因此不稳定。这也是在治沙工作中选择植物种时首选灌木的原因之一。而不同灌木，其近地层枝叶分布情况和数量亦不同，固沙和阻沙能力也有差异，因而选择时应做进一步分析。

3.对风沙土的改良作用

植被固定流沙以后，大大加速了风沙土的成土过程。植被对风沙土的改良作用，主要表现在以下几个方面：①机械组成发生变化，粉粒、黏粒含量增加。②物理性质发生变化，比重、容重减少，孔隙度增加。③水分性质发生变化，持水量增加，透水性减弱。④有机质含量增加。⑤氮、磷、钾三要素含量增加。⑥碳酸钙含量增加，pH提高。⑦土壤微生物数量增加。⑧沙层含水率减少，幼年植株耗水量少，对沙层水分影响不大，随着林龄的增加，对沙层水分产生显著影响。

（五）涵养水源

1.净化水质作用

森林对污水净化能力也极强。据测定，从空旷的山坡上流下的水中，污染物的含量为169克/平方米，而从林中流下来的水中污染物的含量只有64克/平方米。污水通过30～40米的林带后，水中所含的细菌数量比不经过林带的减少50%，一些耐水性强的树种对水中有害物质有很强的吸收作用，如柳树对水溶液中的氰化物去除率达94%～97.8%，湿地生态系统则可以通过沉淀、吸附、离子交换、络合反应、硝化、反硝化、营养元素的生物转化和微生物分解过程处理污水。

2.削减洪峰

森林通过乔、灌、草及枯落物层的截持含蓄、大量蒸腾、土壤渗透、延缓融雪等过程，使地表径流减少，甚至为零，从而起到削减洪水的作用。这一作用的大小，又受到森林类型、林分结构、林地土壤结构和降水特性等的影响。通常，复层异龄的针阔混交林要比单层同龄纯林的作用大，对短时间降水过程的作用明显，随降水时间的延长，森林的削洪作用也逐渐减弱，甚至到零。因此，森林的削洪作用有一定限度，但不论作用程度如何，各地域的测定分析结果证实，森林的削洪作用是肯定的。

（六）净化空气

1.滞尘作用

大气中的尘埃是造成城市能见度低和对人体健康产生严重危害的主要污染物之一。据统计，全国城市中有一半以上大气中的总悬浮颗粒物

（TSP）年平均质量浓度超过310微克/平方米，百万人口以上的大城市的TSP浓度更大，一半以上超过410微克/平方米，超标的大城市占93%。人们在积极采取措施减少污染源的同时，更加重视增加城市植被覆盖，发挥森林在滞尘方面的重要作用。

2.杀菌作用

植物的绿叶能分泌出如酒精、有机酸和萜类等挥发性物质，可杀死细菌、真菌和原生动物。如香樟、松树等能够减少空气中的细菌数量，1公顷松、柏每日能分泌60千克杀菌素，可杀死白喉、肺结核、痢疾等病菌。另外，树木的枝叶可以附着大量的尘埃，因而减少了空气中作为有害菌载体的尘埃数量，也就减少了空气中的有害菌数量，净化了空气。绿地不仅能杀灭空气中的细菌，还能杀灭土壤里的细菌。有些树林能杀灭流过林地污水中的细菌，如1平方米污水通过30～40米宽的林带后，其含菌量比经过没有树林的地面减少一半；又如通过30年生的杨树、桦树混交林，细菌数量能减少90%。

杀菌能力强的树种有夹竹桃、稠李、高山榕、樟树、桉树、紫荆、木麻黄、银杏、桂花、玉兰、千金榆、银桦、厚皮香、柠檬、合欢、圆柏、核桃、核桃楸、假槟榔、木波椤、雪松、刺槐、垂柳、落叶松、柳杉、云杉、柑橘、侧柏等。

3.增加空气中负离子及保健物质含量

森林能增加空气负离子含量。森林的树冠、枝叶的尖端放电以及光合作用过程的光电效应均会促使空气电解，产生大量的空气负离子。空气负离子能吸附、聚集和沉降空气中的污染物和悬浮颗粒，使空气得到净化。空气中正、负离子可与未带电荷的污染物相互作用，对工业上难以除去的飘尘有明显的沉降效果。空气负离子同时有抑菌、杀菌和抑制病毒的作用。空气负离子对人体具有保健作用，主要表现在调节神经系统和大脑皮层功能，加强新陈代谢，促进血液循环，改善心、肺、脑等器官的功能等。

植物的花叶、根芽等组织的油腺细胞不断地分泌出一种浓香的挥发性有机物，这种气体能杀死细菌和真菌，有利于净化空气，提高人们的健康水平，被称为植物精气。森林植物精气的主要成分是芳香性碳水化合物——萜烯，主要包含有香精油、酒精、有机酸、醚、酮等。这些物质有利于人们的身体健康，除杀菌外，对人体有抗炎症、抗风湿、抗肿瘤、促进胆汁分泌等功效。

第二节　现代林业的概念与内涵

现代林业是一个具有时代特征的概念，随着经济社会的不断发展，现代林业的内涵也在不断地发生着变化。正确理解和认识新时期现代林业的基本内涵，对于指导现代林业建设的实践具有重要的意义。

一、现代林业的概念

早在改革开放初期，我国就有人提出了建设现代林业。当时人们简单地将现代林业理解为林业机械化，后来又走入了只讲生态建设、不讲林业产业的朴素生态林业的误区。对现代林业的一种定义是：现代林业即在现代科学认识基础上，用现代技术装备武装和现代工艺方法生产以及用现代科学方法管理的，并可持续发展的林业。区别于传统林业，现代林业是在现代科学的思维方式指导下，以现代科学理论、技术与管理为指导，通过新的森林经营方式与新的林业经济增长方式，达到充分发挥森林的生态、经济、社会与文明功能，担负起优化环境、促进经济发展、提高社会文明、实现可持续发展的目标和任务。现代林业的另一种定义：现代林业是充分利用现代科学技术和手段，全社会广泛参与保护和培育森林资源，高效发挥森林的多种功能和多重价值，以满足人类日益增长的生态、经济和社会需求的林业。

关于现代林业起步于何时，学术界有着不同的看法。有的学者认为，大多数发达国家的现代林业始于20世纪中期之后。也有的学者认为，就整个世界而言，进入后工业化时期，即进入现代林业阶段，因为此时的森林经营目标已经从纯经济物质转向了环境服务兼顾物质利益。而在中华人民共和国成立后，我国以采伐森林提供木材为重点，同时大规模营造人工林，长期处于传统林业阶段，从20世纪70年代末开始，随着经济体制改革，才逐步向现代林业转轨。还有的学者通过对森林经营思想的演变以及经营利用水平、科技水平的高低等方面进行比较，认为20世纪末的联合国环境与发展大会标志着林业发展从此进入了林业生态、社会和经济效益全面协调、可持续发展的现代林业发展阶段。

以上专家学者提出的现代林业的概念，都反映了当时林业发展的方向和时代的特征。今天，林业发展的经济和社会环境、公众对林业的需求等都发生了很大的变化，如何界定现代林业这一概念，仍然是建设现代林业中首先应该明确的问题。

从字面上看，现代林业是一个偏正结构的词组，包括“现代”和“林业”两个部分，前者是对后者的修饰和限定。汉语词典对“现代”一词有以下几种释义：一是指当今的时代，可以对应于从前的或过去的；二是新潮的、时髦的意思，可以对应于传统的或落后的；三是历史学中特定的时代划分，即19世纪60年代前为古代，其后到中华人民共和国成立前为近代，中华人民共和国成立以来为现代。我们认为，现代林业并不是一个历史学概念，而是一个相对的和动态的概念，无须也无法界定其起点和终点。对于现代林业中的“现代”应该从前两层含义进行理解，也就是说现代林业应该是能够体现当今时代特征的、先进的、发达的林业[①]。

随着时代的发展，林业本身的范围、目标和任务也在发生着变化。从林业资源所涵盖的范围来看，我国的林业资源不仅包括林地、林木等

①王迎．我国重点国有林区森林经营与森林资源管理体制改革研究[D]．北京：北京林业大学，2013.

传统的森林资源，同时还包括湿地资源、荒漠资源，以及以森林、湿地、荒漠生态系统为依托而生存的野生动植物资源。从发展目标和任务看，已经从传统的以木材生产为核心的单目标经营，转向重视林业资源的多种功能、追求多种效益，我国林业不仅要承担木材及非木质林产品供给的任务，同时还要在维护国土生态安全、改善人居环境、发展林区经济、促进农民增收、弘扬生态文化、建设生态文明中发挥重要的作用。

综合以上两个方面的分析，我们认为，衡量一个国家或地区的林业是否达到了现代林业的要求，最重要的就是考察其发展理念、生产力水平、功能和效益是否达到了所处时代的领先水平。建设现代林业就是要遵循当今时代最先进的发展理念，以先进的科学技术、精良的物质装备和高素质的务林人为支撑，运用完善的经营机制和高效的管理手段，建设完善的林业生态体系、发达的林业产业体系和繁荣的生态文化体系，充分发挥林业资源的多种功能和多重价值，最大限度地满足社会的多样化需求。

按照伦理学的理论，概念是对事物最一般、最本质属性的高度概括，是人类抽象的、普遍的思维产物。先进的发展理念、技术和装备、管理体制等都是建设现代林业过程中的必要手段，而最终体现出来的是林业发展的状态和方向。因此，现代林业就是可持续发展的林业，它是指充分发挥林业资源的多种功能和多重价值，不断满足社会多样化需求的林业发展状态和方向。

二、现代林业的内涵

内涵是对某一概念中所包含的各种本质属性的具体界定。虽然“现代林业”这一概念的表述方式可以是相对不变的，但是随着时代的变化，其现代的含义和林业的含义都是不断丰富和发展的。

对于现代林业的基本内涵，在不同时期，国内许多专家给予了不同的界定。有的学者认为，现代林业是由一个目标（发展经济、优化环

境、富裕人民、贡献国家）、两个要点　（森林和林业的新概念）、三个产业（林业第三产业、第二产业、第一产业）彼此联系在一起综合集成而形成的一个高效益的林业持续发展系统。还有的学者认为，现代林业强调以生态环境建设为重点，以产业化发展为动力，全社会广泛参与和支持为前提，积极广泛地参与国际交流合作，从而实现林业资源、环境和产业协调发展，经济、环境和社会效益高度统一的林业。现代林业与传统林业相比，其优势在于综合效益高，利用范围很大，发展潜力很突出。

中国现代林业的基本内涵可表述为：以建设生态文明社会为目标，以可持续发展理论为指导，用多目标经营做大林业，用现代科学技术提升林业，用现代物质条件装备林业，用现代信息手段管理林业，用现代市场机制发展林业，用现代法律制度保障林业，用扩大对外开放拓展林业，用高素质新型务林人推进林业，努力提高林业科学化、机械化和信息化水平，提高林地产出率、资源利用率和劳动生产率，提高林业发展的质量、素质和效益，建设完善的林业生态体系、发达的林业产业体系和繁荣的生态文化体系。

（一）现代发展理念

理念就是理性的观念，是人们对事物发展方向的根本思路。现代林业的发展理念，就是通过科学论证和理性思考而确立的未来林业发展的最高境界和根本观念，主要解决林业发展走什么道路、达到什么样的最终目标等根本方向问题。因此，现代林业的发展理念，必须是科学的，既符合当今世界林业发展潮流，又符合中国的国情和林情。

中国现代林业的发展理念应该是：以可持续发展理论为指导，坚持以生态建设为主的林业发展战略，全面落实科学发展观，最终实现人与自然和谐的生态文明社会。这一发展理念的四个方面是一脉相承的，也是一个不可分割的整体。建设人与自然和谐的生态文明社会，是落实科学发展的必然要求，也是“三生态”（生态建设、生态安全、生态文明）

战略思想的重要组成部分，充分体现了可持续发展的基本理念，成为现代林业建设的最高目标。

可持续发展理论是在人类社会经济发展面临着严重的人口、资源与环境问题的背景下产生和发展起来的，联合国环境规划署把可持续发展定义为满足当前需要而又不削弱子孙后代满足其需要之能力的发展。可持续发展的核心是发展，重要标志是资源的永续利用和良好的生态环境。可持续发展要求既要考虑当前发展的需要，又要考虑未来发展的需要，不以牺牲后代的利益为代价。在建设现代林业的过程中，要充分考虑发展的可持续性，既充分满足当代人对林业三大产品的需求，又不对后代人的发展产生影响。大力发展循环经济，建设资源节约型、生态良好和环境友好型社会，必须合理利用资源，大力保护自然生态和自然资源，恢复、治理、重建和发展自然生态和自然资源，这是实现可持续发展的必然要求。可持续林业从健康完整的生态系统、生物多样性、良好的环境及主要林产品持续生产等诸多方面，反映了现代林业的多重价值观。

（二）多目标经营

森林具有多种功能和多种价值，从单一的经济目标向生态、经济、社会多种效益并重的多目标经营转变，是当今世界林业发展的共同趋势。由于各国的国情、林情不同，其林业经营目标也各不相同。德国、瑞士、法国、奥地利等林业发达国家在总结几百年来林业发展经验和教训的基础上提出了近自然林业模式。20世纪80年代中期，我国对林业发展道路进行了深入系统的研究和探索，提出了符合我国国情、林情的林业分工理论，按照林业的主导功能特点或要求分类，并按各类的特点和规律运行的林业经营体制和经营模式。通过森林功能性分类，充分发挥林业资源的多种功能和多种效益，不断增加林业生态产品、物质产品和文化产品的有效供给，持续不断地满足社会和广大民众对林业的多样化需求。

中国现代林业的最终目标是建设生态文明社会，具体目标是实现生态、经济、社会三大效益的最大化。

第三节　现代林业建设的总体布局

一、我国现代林业建设的主要任务

发展现代林业、建设生态文明是中国林业发展的方向、旗帜和主题。现代林业建设的主要任务是，按照生态良好、产业发达、文化繁荣、发展和谐的要求，着力构建完善的林业生态体系、发达的林业产业体系和繁荣的生态文化体系，充分发挥森林的多种功能和综合效益，不断满足人类对林业的多种需求。重点实施好天然林资源保护、退耕还林、湿地保护与恢复、城市林业等多项生态工程，建立以森林生态系统为主体的、完备的国土生态安全保障体系，是现代林业建设的基本任务。随着我国经济社会的快速发展，林业产业的外延在不断拓展，内涵在不断丰富。建立以林业资源节约利用、高效利用、综合利用、循环利用为内容的、发达的产业体系是现代林业建设的重要任务。林业产业体系建设重点应包括加快发展以森林资源培育为基础的林业第一产业，全面提升以木竹加工为主的林业第二产业，大力发展以生态服务为主的林业第三产业。建立以生态文明为主要价值取向的、繁荣的林业生态文化体系是现代林业建设的新任务。生态文化体系建设的重点是努力构建生态文化物质载体，促进生态文化产业发展，加大生态文化的传播普及，加强生态文化基础教育，提高生态文化体系建设的保障能力，开展生态文化体系建设的理论研究[①]。

①杨玉清．江淮分水岭地区现代林业示范区规划研究[D]．合肥：安徽农业大学，2020.

（一）努力构建人与自然和谐的完善的生态体系

林业生态体系包括三个系统一个多样性，即森林生态系统、湿地生态系统、荒漠生态系统和生物多样性。

努力构建人与自然和谐的完善的林业生态体系，必须加强生态建设，充分发挥林业的生态效益，着力建设森林生态系统，大力保护湿地生态系统，不断改善荒漠生态系统，努力维护生物多样性，突出发展，强化保护，提升质量，努力建设布局科学、结构合理、功能完备、效益显著的林业生态体系。

（二）不断完善充满活力的发达的林业产业体系

林业产业体系包括第一产业、第二产业、第三产业三次产业和一个新兴产业。不断完善充满活力的、发达的林业产业体系，必须加快产业发展，充分发挥林业的经济效益，全面提升传统产业，积极发展新兴产业，以兴林富民为宗旨，完善宏观调控，加强市场监管，优化公共服务，坚持低投入、高效益，低消耗、高产出，努力建设品种丰富、优质高效、运行有序、充满活力的林业产业体系。

各类商品林基地建设取得新进展，优质、高产、高效、新兴林业产业迅猛发展，林业经济结构得到优化。

（三）逐步建立丰富多彩的繁荣的生态文化体系

生态文化体系包括植物生态文化、动物生态文化、人文生态文化和环境生态文化等。

逐步建立丰富多彩的、繁荣的生态文化体系，必须培育生态文化，充分发挥林业的社会效益，大力繁荣生态文化，普及生态知识，倡导生态道德，增强生态意识，弘扬生态文明，以人与自然和谐相处为核心价值观，以森林文化、湿地文化、野生动物文化为主体，努力构建主题突出、内涵丰富、形式多样的生态文化体系。

加快城乡绿化，改善人居环境，发展森林旅游，增进人民健康，提供就业机会，增加农民收入，促进新农村建设。

（四）大力推进优质高效的服务型林业保障体系

林业保障体系包括科学化、信息化、机械化三大支柱，和改革、投资两个关键，涉及绿色办公、绿色生产、绿色采购、绿色统计、绿色审计、绿色财政和绿色金融等。

林业保障体系要求林业行政管理部门切实转变职能、理顺关系、优化结构、提高效能，做到权责一致、分工合理、决策科学、执行顺畅、监督有力、成本节约，为现代林业建设提供体制保障。

大力推进优质高效的服务型林业保障体系，必须按照科学发展观的要求，大力推进林业科学化、信息化、机械化进程；坚持和完善林权制度改革，进一步加快构建现代林业体制机制，进一步扩大重点国有林区、国有林场的改革，加大政策调整力度，逐步理顺林业机制，加快林业部门的职能转变，建立和推行生态文明建设绩效考评与问责制度；同时，要建立支持现代林业发展的公共财政制度，完善林业投融资政策，健全林业社会化服务体系，按照服务型政府的要求建设林业保障体系。

21世纪上半叶中国林业发展总体战略构想是：（1）确立以生态建设为主的林业可持续发展道路；（2）建立以森林植被为主体的国土生态安全体系；（3）建设山川秀美的生态文明社会。

林业发展总体战略构想的核心是“生态建设、生态安全、生态文明”。这三者之间相互关联、相辅相成。生态建设是生态安全的前提，生态安全是生态文明的基础和保障，生态文明是生态建设和生态安全所追求的最终目标。生态建设、生态安全、生态文明既代表了先进生产力发展的必然要求和广大人民群众的根本利益，又顺应了世界发展的大趋势，展示了中华民族对自身发展的审慎选择、对生态建设的高度责任感和对全球森林问题的整体关怀，体现了可持续发展的理念。

现代林业建设总体布局要以天然林资源保护、退耕还林、三北及长江流域等重点防护林体系建设、京津风沙源治理、野生动植物保护及自然保护区建设、重点地区速生丰产用材林基地建设等林业六大重点工程为框架，构建点、线、面结合的全国森林生态网络体系。即以全国城镇绿化区、森林公园和周边自然保护区及典型生态区为“点”；以大江大河、主要山脉、海岸线、主干铁路公路为“线”；以东北、内蒙古国有林区，西北、华北北部和东北西部干旱半干旱地区，华北及中原平原地区，南方集体林地区，东南沿海热带林地区，西南高山峡谷地区，青藏高原高寒地区等八大区为“面”，实现森林资源在空间布局上的均衡、合理配置。

东北、内蒙古国有林区以天然林保护和培育为重点，华北中原地区以平原防护林建设和用材林基地建设为重点，西北、华北北部和东北西部地区以风沙治理和水土保持林建设为重点，长江上中游地区以生态和生物多样性保护为重点，南方集体林区以用材林和经济林生产为重点，东南沿海地区以热带林保护和沿海防护林建设为重点，青藏高原地区以野生动植物保护为重点。

二、总体布局

（一）构建点、线、面相结合的森林生态网络

良好的生态环境，应该建立在总量保证、布局均衡、结构合理、运行通畅的植被系统基础上。森林生态网络是这一系统的主体。当前我国生态环境不良的根本原因是植被系统不健全，而要改变这种状况的根本措施就是建立一个合理的森林生态网络。

建立合理的森林生态网络应该充分考虑下述因素：一是森林资源总量要达到一定面积，即要有相应的森林覆盖率。按照科学测算，森林覆盖率至少要达到26%。二要做到合理布局。从生态建设需要和我国国情、林情出发，今后恢复和建设植被的重点区域应该是生态问题突出、有林业用地但又植被稀少的地区，如西部的无林少林地区、大江大河源头及流域、各种道路两侧及城市、平原等。三是提高森林植被的质量，做到林种、树种、林龄及森林与其他植被的结构搭配合理。四是有效保护好现有的天然森林植被，充分发挥森林天然群落特有的生态效能。从这些要求出发，以林为主，因地制宜，实行乔灌草立体开发，是从微观的角

度解决环境发展的时间与空间、技术与经济、质量与效益结合的问题；而点、线、面协调配套，则是从宏观发展战略的角度，以整个国土生态环境为全局，提出森林生态网络工程总体结构与布局的问题。

“点”是指以人口相对密集的中心城市为主体，辐射周围若干城镇所形成的具有一定规模的森林生态网络点状分布区。它包括城市森林公园、城市园林、城市绿地、城郊接合部以及远郊大环境绿化区（森林风景区、自然保护区等）。

城市是一个特殊的生态系统，它是以人为主体并与周围的其他生物和非生物建立相互联系，受自然生命保障系统所供养的“社会—经济—自然复合生态系统”。随着经济的持续高速增长，我国城市化发展趋势加快，已经成为世界上城市最多的国家之一，尤其是经济比较发达的珠江三角洲、长江三角洲、胶东半岛以及京、津、唐地区已经形成城市走廊（或称城市群）的雏形，虽然城市化极大地推动了我国社会进步和经济繁荣，但在没有强有力的控制条件下，城市化不可避免地导致城市地区生态的退化，各种环境困扰和城市病愈演愈烈。因此，以绿色植物为主体的城市生态环境建设已成为我国森林生态网络系统工程建设不可缺少的一个重要组成部分，引起了全社会和有关部门的高度重视。根据国际上对城市森林的研究和我国有关专家的认识，现代城市的总体规划必须以相应规模的绿地比例为基础（国际上通常以城市居民人均绿地面积不少于10平方米作为最低的环境需求标准），同时，按照城市的自然、地理、经济和社会状况、现有城市规划、城市性质等确定城市绿化指标体系，并制定城市“三废”（废气、废水、废渣）排放以及噪声、粉尘等综合治理措施和专项防护标准。城市森林建设是国家生态环境建设的重要组成部分。城市森林建设是城市有生命的基础设施建设，人们向往居住在空气清新、环境优美的城市环境里的愿望越来越迫切，这种需求已成为我国城市林业发展和城市森林建设的原动力。近年来，在国家有关部门提出的建设森林城市、生态城市及园林城市、文明卫生城市的评定标准中，均把绿化达标列为重要指标，表明我国城市建设正逐步进入法治化、标准化、规范化轨道。

“线”是指以我国主要公路及铁路交通干线两侧、主要大江与大河两岸、海岸线以及平原农田生态防护林带（林网）为主体，按不同地区的等级、层次标准以及防护目的和效益指标，在特定条件下，通过不同组合建成乔灌草立体防护林带。这些林带应达到一定规模，并发挥防风、防沙、防浪、护路、护岸、护堤、护田和抑螺防病等作用。

“面”是指以我国林业区划的东北区、西北区、华北区、南方区、西南区、热带区、青藏高原区等为主体，以大江、大河、流域或山脉为核心，根据不同自然状况所形成的森林生态网络系统的块状分布区。它包括西北森林草原生态区、各种类型的野生动植物自然保护区以及正在建设中的全国重点防护林体系工程建设区等，形成以涵养水源、水土保持、生物多样化、基因保护、防风固沙以及用材等为经营目的、集中连片的生态公益林网络体系。

我国森林生态网络体系工程点、线、面相结合，从总体布局上是一个相互依存、相互补充，共同发挥社会公益效益，维护国土生态安全的有机整体。

（二）实行分区指导

根据不同地区对林业发展的要求和影响生产力发展的主导因素，按照“东扩、西治、南用、北休”的总体布局和区域发展战略，实行分区指导。

1.东扩

发展城乡林业，扩展林业产业链，主要指我国中东部地区和沿海地区。

主攻方向：通过完善政策机制，拓展林业发展空间，延伸林业产业链，积极发展城乡林业，推动城乡绿化美化一体化，建设高效农田防护林体系，大力改善农业生产条件，兼顾木材加工业原料需求以及城乡绿

化美化的种苗需求，把这一区域作为我国木材供应的战略支撑点之一，促进林业向农区、城区和下游产业延伸，扩展林业发展的领域和空间。

2. 西治

加速生态修复，实行综合治理，主要指我国西部的“三北”地区、西南峡谷和青藏高原地区，是林业生态建设的主战场，也是今后提高我国森林覆盖率的重点地区。

主攻方向：在优先保护好现有森林植被的同时，通过加大西部生态治理工程的投入力度，加快对风沙源区、黄土高原区、大江大河源区和高寒地区的生态治理，尽快增加林草植被，有效地治理风沙危害，努力减轻水土流失，切实改善西部地区的生态状况，保障我国的生态安全。

3. 南用

发展产业基地，提高森林质量和水平，主要指我国南方的集体林区和沿海热带地区，是今后一个时期我国林业产业发展的重点区域。

主攻方向：在积极保护生态的前提下，充分发挥地域和政策机制的优势，通过强化科技支撑，提高发展质量，加速推进用材林、工业原料林和经济林等商品林基地建设，大力发展林纸林板一体化、木材加工、林产化工等林业产业，满足经济建设和社会发展对林产品的多样化需求。

4. 北休

强化天然林保育，继续休养生息，主要指我国东北林区。

主攻方向：通过深化改革和加快调整，进一步休养生息，加强森林经营，在保护生态前提下，建设我国用材林资源战略储备基地，把东北国有林区建设成为资源稳步增长、自然生态良好、经济持续发展、生活明显改善、社会全面进步的社会主义新林区。

（三）重点突出环京津生态圈，长江、黄河两大流域，东北、西北和南方三大片

环京津生态圈是首都乃至中国的“形象工程”，在这一生态圈建设中，防沙治沙和涵养水源是两大根本任务。它对降低这一区域的风沙危害、改善水源供给，同时对优化首都生态环境、提升首都国际形象、举办绿色奥运等具有特殊的经济意义和政治意义。这一区域包括北京、天津、河北、内蒙古、山西5个省、自治区、直辖市的相关地区。生态治理的主要目标是为首都阻沙源，为京津保水源，并为当地经济发展和人民生活开拓财源。

生态圈建设的总体思路是加强现有植被保护，大力封沙育林育草、植树造林种草，加快退耕还林还草，恢复沙区植被，建设乔灌草相结合的防风固沙体系；综合治理退化草原，实行禁牧舍饲，恢复草原生态和产业功能；搞好水土流失综合治理，合理开发利用水资源，改善北京及周边地区的生态环境；缓解风沙危害，促进北京及周边地区经济和社会的可持续发展。主要任务是造林营林，包括退耕还林、人工造林、封沙育林、飞播造林、种苗基地建设等；治理草地，包括人工种草、飞播牧草、围栏封育、草种基地建设及相关的基础设施建设；建设水利设施，包括建立水源工程、节水灌溉、小流域综合治理等。基于这一区域多处在风沙区、经济欠发达和靠近京津、有一定融资优势的特点，生态建设应尽可能选择生态与经济结合型的治理模式，视条件发展林果业，培植沙产业，同时注重发展非公有制林业。

长江和黄河两大流域，主要包括长江及淮河流域的青海、西藏、甘肃、四川、云南、贵州、重庆、陕西、湖北、湖南、江西、安徽、河南、江苏、浙江、山东、上海17个省、自治区、直辖市。建设思路是：以长江为主线，以流域水系为单元，以恢复和扩大森林植被为手段，以遏制水土流失、治理石漠化为重点，以改善流域生态环境为目标，建立起多林种、多树种相结合，生态结构稳定和功能完备的防护林体系。主要任务是：开展退耕还林、人工造林、封山（沙）育林、飞播造林及低效林改造等。同时，要注重发挥区域优势，发展适销对路和品种优良的经济林业，培植竹产业，大力发展森林旅游业等林业第三产业。

在黄河流域，重点生态治理区域是上中游地区，主要包括青海、甘肃、宁夏、内蒙古、陕西、山西、河南的大部分或部分地区。生态环境

问题最严重的是黄土高原地区，总面积约为64万平方千米，是世界上面积最大的黄土覆盖地区，气候干旱，植被稀疏，水土流失十分严重，流失面积占黄土高原总面积的70%，是黄河泥沙的主要来源地。建设思路：以小流域治理为单元，对坡耕地和风沙危害严重的沙化耕地实行退耕还林，实行乔灌草结合，恢复和增加植被；对黄河危害较大的地区要大力营造沙棘等水土保持林，减少泥沙流失危害；积极发展林果业、畜牧业和农副产品加工业，帮助农民脱贫致富。

东北片、西北片和南方片。东北片和南方片是我国的传统林区，既是木材和林产品供给的主要基地，也是生态环境建设的重点地区；西北片是我国风沙危害、水土流失的主要区域，是我国生态环境治理的重点和“瓶颈”地区。

东北片肩负商品林生产和生态环境保护的双重重任，总体发展战略是：通过合理划分林业用地结构，加强现有林和天然次生林保护，建设完善的防护体系，防止内蒙古东部沙地东移；通过加强三江平原、松辽平原农田林网建设，完善农田防护林体系，综合治理水土流失，减少坡面和耕地冲刷；加强森林抚育管理，提高森林质量，同时，合理区划和建设速生丰产林，实现由采伐天然林为主向采伐人工林为主的转变，提高木材及林产品供给能力；加强与俄罗斯东部区域的森林合作开发，强化林业产业，尤其是木材加工业的能力建设；合理利用区位优势和丘陵浅山区的森林景观，发展森林旅游业及林区其他第三产业。

西北片面积广大，地理条件复杂，有风沙区、草原区，还有丘陵、戈壁、高原冻融区等。这里主要的生态问题是水土流失、风沙危害及与此相关的旱涝、沙暴灾害等，治理重点是植树种草，改善生态环境。主要任务是：切实保护好现有的天然林生态系统，特别是长江、黄河源头及流域的天然林资源和自然保护区；实施退耕还林，扩大林草植被；大力开展沙区，特别是沙漠边缘区造林种草，控制荒漠化扩大趋势；有计划地建设农田和草原防护林网；有计划地发展薪炭林，逐步解决农村能源问题；因地制宜地发展经济林果业、沙产业、森林旅游业及林业等多种经营业。

南方片自然条件相对优越，立地条件好，适宜森林生长。全区经济发展水平高，劳动力充足，交通等社会经济条件好；集体林多，森林资源总量多，分布较为均匀。林业产业特别是人工林培育业发达，森林单位面积的林业产值高，适生树种多，林地利用率高，林地生产率较高。总体上，这一地区具有很强的原料和市场指向，适宜大力发展森林资源培育业和培育、加工相结合的大型林业企业。主要任务是：有效提高森林资源质量，调整森林资源结构和林业产业结构，提高森林综合效益；建设高效、优质的定向原料林基地，将未来林业产业发展的基础建立在主要依靠人工工业原料林上，同时，大力发展竹产业和经济林产业；进行深加工和精加工，大力发展木材制浆造纸业，扶持发展以森林旅游业为重点的林业第三产业及建立在高新技术开发基础上的林业生物工程产业。

第二章　现代林业与生态文明建设

第一节　现代林业与生态环境文明

一、现代林业与生态建设

维护国家的生态安全必须大力开展生态建设。国家要求“在生态建设中，要赋予林业以首要地位”，这是一个很重要的命题。这个命题至少说明现代林业在生态建设中占有极其重要的位置。

为了深刻理解现代林业与生态建设的关系，首先，必须明确生态建设所包括的主要内容。加强能源资源节约和生态环境保护，增强可持续发展能力。坚持节约资源和保护环境的基本国策，关系人民群众切身利益和中华民族生存发展。必须把建设资源节约型、环境友好型社会放在工业化、现代化发展战略的突出位置，落实到每个单位、每个家庭。要完善有利于节约能源资源和保护生态环境的法律和政策，加快形成可持续发展体制机制。落实节能减排工作责任制。开发和推广节约、替代、循环利用和治理污染的先进适用技术，发展清洁能源和可再生能源，保护土地和水资源，建设科学合理的能源资源利用体系，提高能源资源利用效率。发展环保产业。加大节能环保投入，重点加强水、大气、土壤等污染防治，改善城乡人居环境。加强水利、林业、草原建设，加强荒漠化石漠化治理，促进生态修复。加强应对气候变化能力建设，为保护全球气候做出新贡献。

其次，必须认识现代林业在生态建设中的地位。生态建设的根本目的，是为了提升生态环境的质量，提升人与自然和谐发展、可持续发展的能力。现代林业建设对于实现生态建设的目标起着主体作用，在生态建设中处于首要地位。这是因为，森林是陆地生态系统的主体，在维护生态平衡中起着决定性作用。林业承担着建设和保护“三个系统一个多样性”的重要职能，即建设和保护森林生态系统、管理和恢复湿地生态系统、改善和治理荒漠生态系统、维护和发展生物多样性。科学家把森林生态系统喻为“地球之肺”，把湿地生态系统喻为“地球之肾”，把荒漠化喻为“地球的癌症”，把生物多样性喻为“地球的免疫系统”。这“三个系统一个多样性”，对保持陆地生态系统的整体功能起着中枢作用和杠杆作用，无论损害和破坏哪一个系统，都会影响地球的生态平衡，影响地球的健康长寿，危及人类生存的根基。只有建设和保护好这些生态系统，维护和发展好生物多样性，人类才能永远地在地球这一共同的美丽家园里繁衍生息、发展进步。

（一）森林被誉为大自然的总调节，维持着全球的生态平衡

地球上的自然生态系统可划分为陆地生态系统和海洋生态系统。其中森林生态系统是陆地生态系统中组成最复杂、结构最完整、能量转换和物质循环最旺盛、生物生产力最高、生态效应最强的自然生态系统，是构成陆地生态系统的主体，是维护地球生态安全的重要保障，在地球自然生态系统中占有首要地位。森林在调节生物圈、大气圈、水圈、土

壤圈的动态平衡中起着基础性、关键性作用[①]。

森林生态系统是世界上最丰富的生物资源和基因库。仅热带雨林生态系统就有200万~400万种生物。森林的大面积被毁，大大加速了物种消失的速度。近200年来，濒临灭绝的物种就有将近600种鸟类、400余种兽类、200余种两栖类以及2万余种植物，这比自然淘汰的速度快1000倍。

森林是一个巨大的碳库，是大气中二氧化碳重要的调节者之一。一方面，森林植物通过光合作用，吸收大气中的二氧化碳；另一方面，森林动植物、微生物的呼吸及枯枝落叶的分解氧化等过程，又以二氧化碳、一氧化碳、甲烷的形式向大气中排放碳。

森林对涵养水源、保持水土、减少洪涝灾害具有不可替代的作用。据专家估算，目前我国森林的年水源涵养量达3474亿吨，相当于现有水库总容量（4600亿吨）的75.5%。根据森林生态定位监测，4个气候带54种森林的综合涵蓄降水能力为40.93~165.84毫米，即每公顷森林可以涵蓄降水约1000立方米。

（二）森林在生物世界和非生物世界的能量和物质交换中扮演着主要角色

森林作为一个陆地生态系统，具有最完善的营养体系，即从生产者（森林绿色植物）、消费者（包括草食动物、肉食动物、杂食动物以及寄生和腐生动物）到分解者全过程完整的食物链和典型的生态金字塔。由于森林生态系统面积大，树木形体高大，结构复杂，多层的枝叶分布使叶面积指数大，因此光能利用率和生产力在天然生态系统中是最高的。除了热带农业以外，净生产力最高的就是热带森林，连温带农业也比不上它。以温带地区几个生态系统类型的生产力相比较，森林生态系统的平均值是最高的。以光能利用率来看，热带雨林年平均光能利用率可达

---

①张朝辉．东北国有林区林业产业生态位演化研究[D]．哈尔滨：东北林业大学，2014.

4.5%，落叶阔叶林为1.6%，北方针叶林为1.1%，草地为0.6%，农田为0.7%。由于森林面积大，光合利用率高，因此森林的生产力和生物量均比其他生态系统类型高。据推算，全球生物量总计为1856亿吨，其中99.8%是在陆地上。森林每年每公顷生产的干物质量达6～8吨，生物总量达1664亿吨，占全球的90%左右，而其他生态系统所占的比例很小，如草原生态系统只占4.0%，苔原和半荒漠生态系统只占1.1%。

全球森林每年所固定的总能量约为13×10^{17}千焦，占陆地生物每年固定的总能量20.5×10^{17}千焦的63.4%。因此，森林是地球上最大的自然能量储存库。

（三）森林对保持全球生态系统的整体功能起着中枢和杠杆作用

森林减少是由人类长期活动的干扰造成的。在人类文明之初，人少林茂兽多，常用焚烧森林的办法，获得熟食和土地，并借此抵御野兽的侵袭。进入农耕社会之后，人类的建筑、薪材、交通工具和制造工具等，皆需要采伐森林，尤其是农业用地、经济林的种植，皆由原始森林转化而来。工业革命兴起，大面积森林又变成工业原材料。直到今天，城乡建设、毁林开垦、采伐森林，仍然是许多国家经济发展的重要方式。

伴随人类对森林的一次次破坏，接踵而来的是森林对人类的不断“报复”。巴比伦文明毁灭了，玛雅文明消失了，黄河文明衰退了。水土流失、土地荒漠化、洪涝灾害、干旱缺水、物种灭绝、温室效应，无一不与森林面积减少、质量下降密切相关。

我国森林的破坏导致了水患和沙患两大心腹之患。西北高原森林的破坏导致大量泥沙进入黄河，使黄河成为一条悬河。长江流域的森林破坏也是近现代以来长江水灾不断加剧的根本原因。北方几十万平方千米的沙漠化土地和日益肆虐的沙尘暴，也是森林破坏的恶果。人们总是经不起森林的诱惑，索取物质材料，却总是忘记森林作为大地屏障、江河的保姆、陆地生态的主体，对于人类的生存具有不可替代的整体性和神

圣性。恩格斯早就深刻地警告："美索不达米亚、希腊、小亚细亚以及其他各地的居民，为了想得到耕地，把森林都砍光了，但是他们想不到，这些地方今天竟因此成为荒芜不毛之地。"美国前副总统阿尔·戈尔在《濒临失衡的地球》一书中这样写道："虽然我们依然需要大量了解森林与雨云之间的共生现象，我们却确实知道森林被毁之后，雨最后也会逐渐减少，湿度也会降低。具有讽刺意味的是，在原是森林的那个地区，还会继续有一个时期的大雨，冲走不再受到林冠荫蔽、不再为树根固定的表土……"

地球上包括人类在内的一切生物都以其生存环境为依托。森林是人类的摇篮、生存的庇护所，它用绿色装点大地，给人类带来生命和活力，带来智慧和文明，也带来资源和财富。森林是陆地生态系统的主体，是自然界物种最丰富、结构最稳定、功能最完善也最强大的资源库、再生库、基因库、碳储库、蓄水库和能源库，除了能提供食品、医药、木材及其他生产生活原料外，还具有调节气候、涵养水源、保持水土、防风固沙、改良土壤、减少污染、保护生物多样性、减灾防洪等多种生态功能，对改善生态、维持生态平衡、保护人类生存发展的自然环境起着基础性、决定性和不可替代的作用。在各种生态系统中，森林生态系统对人类的影响最直接、最重大，也最关键。离开了森林的庇护，人类的生存与发展就会丧失根本和依托。

森林和湿地是陆地最重要的两大生态系统，它们以70%以上的程度参与和影响着地球化学循环的过程，在生物界和非生物界的物质交换和能量流动中扮演着主要角色，对保持陆地生态系统的整体功能、维护地球生态平衡、促进经济与生态协调发展发挥着中枢和杠杆作用。林业就是通过保护和增强森林、湿地生态系统的功能来生产出生态产品。这些生态产品主要包括吸收二氧化碳、释放氧、涵养水源、保持水土、净化水质、防风固沙、调节气候、清洁空气、减少噪声、吸附粉尘、保护生物多样性等。

二、现代林业与生物安全

（一）生物安全问题

生物安全是生态安全的一个重要领域。目前，国际上普遍认为，威胁国家安全的不只是外敌入侵，诸如外来物种的入侵、转基因生物的蔓延、基因食品的污染、生物多样性的锐减等生物安全问题也危及人类的未来和发展，直接影响着国家安全。维护生物安全，对于保护和改善生态环境，保障人的身心健康，保障国家安全，促进经济、社会可持续发展，具有重要的意义。在生物安全问题中，与现代林业紧密相关的主要是生物多样性锐减及外来物种入侵。

1.生物多样性锐减

由于森林的大规模破坏，全球范围内生物多样性显著下降。根据专家测算，由于森林的大量减少和其他种种因素，现在物种的灭绝速度是自然灭绝速度的1000倍。这种消亡还呈惊人的加速之势。有许多物种在人类还未认识之前，就携带着它们特有的基因从地球上消失了，而它们对人类的价值很可能是难以估量的。现存绝大多数物种的个体数量也在不断减少。

我国的野生动植物资源十分丰富，在世界上占有重要地位。由于我国独特的地理环境，有大量的特有种类，并保存着许多古老的孑遗动植物属种，如有活化石之称的大熊猫、白鳍豚、水杉、银杉等。但随着生态环境的不断恶化，野生动植物的栖息环境受到破坏，对动植物的生存造成极大危害，使其种群急剧减少，有的已灭绝，有的正面临灭绝的威胁。

据统计，麋鹿、高鼻羚羊、犀牛、野马、白臀叶猴等珍稀动物已在我国灭绝。高鼻羚羊是20世纪50年代在新疆灭绝的。大熊猫、金丝猴、东北虎、华南虎、云豹、丹顶鹤、黄腹角雉、白鳍豚、多种长臂猿等20个珍稀物种分布区域已显著缩小，种群数量骤减，正面临灭绝危害。

我国高等植物中濒危或接近濒危的物种已达4000～5000种，占高等植物总数的15%～20%，高于世界平均水平。有的植物已经灭绝，如崖柏、雁荡润楠、喜雨草等。一种植物的灭绝将引起10～30种其他生物的丧失。许多曾分布广泛的种类，现在分布区域已明显缩小，且数量锐减。1984年国家公布重点保护植物354种，其中一级重点保护植物8种，二级重点保护植物159种。据初步统计，公布在名录上的植物已有部分灭绝。

关于生态破坏对微生物造成的危害，在我国尚不十分清楚，但一些野生食用菌和药用菌，由于过度采收造成资源日益枯竭的状况越来越严重。

2.外来物种大肆入侵

根据世界自然保护联盟（IUCN）的定义，外来物种入侵是指在自然、半自然生态系统或生态环境中，外来物种建立种群并影响和威胁到本地生物多样性的过程。毋庸置疑，正确的外来物种的引进会增加引种地区生物的多样性，也会极大丰富人们的物质生活。相反，不适当的引种则会使得缺乏自然天敌的外来物种迅速繁殖，并抢夺其他生物的生存空间，进而导致生态失衡及其他本地物种的减少和灭绝，严重危及一国的生态安全。从某种意义上说，外来物种引进的结果具有一定程度的不可预见性。这也使得外来物种入侵的防治工作显得更加复杂和困难。在国际层面上，目前已制定有以《生物多样性公约》为首的防治外来物种入侵等多边环境条约以及与之相关的卫生、检疫制度或运输的技术指导文件等。

目前我国的入侵外来物种有400多种，其中有50余种属于世界自然保护联盟公布的全球100种最具威胁的外来物种。据统计，我国每年因外来物种造成的损失已高达1198亿元，占国内生产总值的1.36%。其中，松材线虫、美国白蛾、紫茎泽兰等20多种主要外来农林昆虫和杂草造成的经济损失每年560多亿元。最新全国林业有害生物普查结果显示，林业外来有害生物的入侵速度明显加快，每年给我国造成经济损失数量之大触目惊心。外来生物入侵既与自然因素和生态条件有关，更与国际贸易和经济的迅速发展密切相关，人为传播已成为其迅速扩散蔓延的主要途径。因此，如何有效抵御外来物种入侵是摆在我们面前的一个重要问题。

（二）现代林业对保障生物安全的作用

生物多样性包括遗传多样性、物种多样性和生态系统多样性。森林是一个庞大的生物世界，是数以万计的生物赖以生存的家园。森林中除了各种乔木、灌木、草本植物外，还有苔藓、地衣、蕨类、鸟类、兽类、昆虫等生物及各种微生物。据统计，目前地球上500万~5000万种生物中，有50%~70%在森林中栖息繁衍，因此森林生物多样性在地球上占有首要位置。在世界林业发达国家，保持生物多样性成为其林业发展的核心要求和主要标准，比如在美国密西西比河流域，人们对森林的保护意识就是从猫头鹰的锐减而开始警醒的。

1.森林与保护生物多样性

森林是以树木和其他木本植物为主体的植被类型，是陆地生态系统中最大的亚系统，是陆地生态系统的主体。森林生态系统是指由以乔木为主体的生物群落（包括植物、动物和微生物）及其非生物环境（光、热、水、气、土壤等）综合组成的动态系统，是生物与环境、生物与生物之间进行物质交换、能量流动的景观单位。森林生态系统不仅分布面积广，并且类型众多，超过陆地上的任何其他生态系统，它的立体成分体积大、寿命长、层次多，有着巨大的地上和地下空间及长效的持续周期，是陆地生态系统中面积最大、组成最复杂、结构最稳定的生态系统，对其他陆地生态系统有很大的影响和作用。森林不同于其他陆地生态系统，具有面积大、分布广、树型高大、寿命长、结构复杂、物种丰富、稳定性好、生产力高等特点，是维持陆地生态平衡的重要支柱。

森林拥有最丰富的生物种类。有森林存在的地方，一般环境条件不太严酷，水分和温度条件较好，适于多种生物的生长。而林冠层的存在和森林多层性造成在不同的空间形成了多种小环境，为各种需要特殊环境条件的植物创造了生存的条件。丰富的植物资源又为各种动物和微生物提供了食料和栖息繁衍的场所。因此，在森林中有着极其丰富的生物物种资源。森林中除建群树种外，还有大量的植物包括乔木、亚乔木、灌木、藤本、草本、菌类、苔藓、地衣等。森林动物从兽类、鸟类，到两栖类、爬虫、线虫、昆虫，以及微生物等，不仅种类繁多，而且个体数量大，是森林中最活跃的成分。全世界有500万～5000万个物种，而人类迄今从生物学上描述或定义的物种（包括动物、植物、微生物）仅有140万～170万种，其中半数以上的物种分布在仅占全球陆地面积7%的热带森林里。例如，我国西双版纳的热带雨林2500平方米内（表现面积）就有高等植物130种，而东北平原的羊草草原1000平方米（表现面积）只有10～15种，可见森林生态系统的物种明显多于草原生态系统。至于农田生态系统，生物种类更是简单量少。当然，不同的森林生态系统的物种数量也有很大差异，其中热带森林的物种最为丰富，它是物种形成的中心，为其他地区提供了各种“祖系原种”。例如，地处我国南疆的海南岛，土地面积只占全国土地面积的0.4%，但拥有维管束植物4000余种，约为全国维管束植物种数的七分之一；乔木树种近千种，约为全国的三分之一；兽类77种，约为全国的21%；鸟类344种，约为全国的26%。由此可见热带森林中生物种类的丰富程度。另外，还有许多物种在我们人类尚未发现和利用之前就由于大规模的森林被破坏而灭绝了，这对我们人类来说是一个无法挽回的损失。目前，世界上有30余万种植物、4.5万种脊椎动物和500万种非脊椎动物，我国有木本植物8000余种、乔木2000余种，是世界上森林树种最丰富的国家之一。

森林组成结构复杂。森林生态系统的植物层次结构比较复杂，一般至少可分为乔木层、亚乔木层、下木层、灌木层、草本层、苔藓地衣层、枯枝落叶层、根系层以及分布于地上部分各个层次的层外植物垂直面和零星斑块、片层等。它们具有不同的耐阴能力和水湿要求，按其生态特点分别分布在相应的林内空间小生境或片层，年龄结构幅度广，季相变化大，因此形成复杂、稳定、壮美的自然景观。乔木层中还可按高度不同划分为若干层次。例如，我国东北红松阔叶林地乔木层常可分为三层：第一层由红松组成；第二层由椴树、云杉、裂叶榆和色木等组成；第三层由冷杉、青楷槭等组成。在热带雨林内层次更为复杂，乔木层就可分为四或五层，有时形成良好的垂直郁闭，各层次间没有明显的界线，很难分层。例如，我国海南岛的一块热带雨林乔木层可分为两层。第一层由蝴蝶树、青皮、坡垒细子龙等散生巨树构成，树高可达40米；第二层由山荔枝、多种厚壳楂、多种蒲桃、多种柿树、大花第伦桃等组成，这一层有时还可分层，下层乔木有粗毛野桐、几种白颜、白茶和阿芳等。下层乔木下面还有灌木层和草本层，地下根系存在浅根层和深根层。此外还有种类繁多的藤本植物、附生植物分布于各层次。森林生态系统中各种植物和成层分布是植物对林内多种小生态环境的一种适应现象，有利于充分利用营养空间和提高森林的稳定性。由耐阴树种组成的森林系统，年龄结构比较复杂，同一树种不同年龄的植株分布于不同层次形成异龄复层林。如西藏的长苞冷杉林为多代的异龄天然林，年龄从40年生至300年以上生均有，形成比较复杂的异龄复层林。东北的红松也有不少为多世代并存的异龄林，如带岭的一块蕨类榛子红松林，红松的年龄分配延续10个龄级，年龄的差异达200年左右。异龄结构的复层林是某些森林生态系统的特有现象，新的幼苗、幼树在林层下不断生长繁衍代替老的一代，因此这一类森林生态系统稳定性较大，常常是顶级群落。

森林分布范围广，形体高大，长寿稳定。森林约占陆地面积的29.6%。由落叶或常绿以及具有耐寒、耐旱、耐盐碱或耐水湿等不同特性的树种形成的各种类型的森林（天然林和人工林，分布在寒带、温

带、亚热带、热带的山区、丘陵、平地，甚至沼泽、海涂滩地）等地方。森林树种是植物界中最高大的植物，由优势乔木构成的林冠层可达十几米、数十米，甚至上百米。我国西藏波密地丽江云杉高达60～70米，云南西双版纳的望天树高达70～80米。北美红杉和巨杉也都是世界上最高大的树种，能够长到100米以上，而澳大利亚的桉树甚至可高达150米。树木的根系发达，深根性树种的主根可深入地下数米至十几米。树木的高大形体在竞争光照条件方面明显占据有利地位，而光照条件在植物种间生存竞争中往往起着决定性作用。因此，在水分、温度条件适于森林生长的地方，乔木在与其他植物的竞争过程中常占优势。此外，由于森林生态系统具有高大的林冠层和较深的根系层，因此它们对林内小气候和土壤条件的影响均大于其他生态系统，并且还明显地影响着森林周围地区的小气候和水文情况。树木为多年生植物，寿命较长。有的树种寿命很长，如我国西藏巨柏，其年龄已达2200多年，山西晋祠的周柏和河南嵩山的周柏，据考证已活了3000年以上，台湾阿里山的红桧和山东莒县的大银杏也有3000年以上的高龄。北美的红杉寿命更长，已达7800多年。但世界上有记录的寿命最长的树木，要数非洲加纳利群岛上的龙血树，它曾活在世上8000多年。森林树种的长寿性使森林生态系统较为稳定，并对环境产生长期而稳定的影响。

2.湿地与生物多样性保护

“湿地”一词最早出现在1956年，由美国联邦政府开展湿地清查时首先提出。由加拿大、澳大利亚等36个国家在伊朗小镇拉姆萨尔签署了《关于特别是作为水禽栖息地的国际重要湿地公约》（简称《湿地公约》），《湿地公约》把湿地定义为“湿地是指不问其为天然或人工、长久或暂时的沼泽地、泥炭地或水域地带，带有静止或流动的淡水、半咸水或咸水水体，包括低潮时水深不超过6米的水域”。按照这个定义，湿地包括沼泽、泥炭地、湿草甸、湖泊、河流、滞蓄洪区、河口三角洲、滩涂、水库、池塘、水稻田，以及低潮时水深浅于6米的海域地带等。

目前，全球湿地面积约有570万平方千米，约占地球陆地面积的6%。其中，湖泊占2%，泥塘占30%，泥沼占26%，沼泽占20%，洪泛平原约占15%。

湿地覆盖的地球表面仅为6%，却为地球上20%已知物种提供了生存环境。湿地复杂多样的植物群落，为野生动物尤其是一些珍稀或濒危野生动物提供了良好的栖息地，是鸟类、两栖类动物的繁殖、栖息、迁徙、越冬的场所。例如，象征吉祥和长寿的濒危鸟类——丹顶鹤，在从俄罗斯远东迁徙至我国江苏盐城国际重要湿地的2000千米的途中，要花费约1个月的时间，在沿途25块湿地停歇和觅食，如果这些湿地遭受破坏，将给像丹顶鹤这样迁徙的濒危鸟类带来致命的威胁。湿地水草丛生特殊的自然环境，虽不是哺乳动物种群的理想家园，却能为各种鸟类提供丰富的食物来源和营巢、避敌的良好条件。可以说，保存完好的自然湿地，能使许多野生生物在不受干扰的情况下生存和繁衍，完成其生命周期，由此保存了许多物种的基因特性。

我国是世界上湿地资源丰富的国家之一，湿地资源占世界总量的10%，居世界第四位，亚洲第一位。《湿地公约》划分的四十类湿地，我国均有分布，是全球湿地类型最丰富的国家。根据我国湿地资源的现状以及《湿地公约》对湿地的分类系统，我国湿地共分为五大类，即四大类自然湿地和一大类人工湿地。四大类自然湿地包括海滨湿地、河流湿地、湖泊湿地和沼泽湿地，人工湿地包括水稻田、水产池塘、水塘、灌溉地，以及农用洪泛湿地、蓄水区、运河、排水渠、地下输水系统等。

3.与外来物种入侵

我国每年林业有害生物发生面积1067万公顷左右，外来入侵的约280万公顷，占26%。外来有害植物中的紫茎泽兰、飞机草、薇甘菊、加拿大一枝黄花在我国发生面积逐年扩大，目前已达553多万公顷。

外来林业有害生物对生态安全构成极大威胁。外来入侵种通过竞争或占据本地物种生态位，排挤本地物种的生存，甚至分泌释放化学物

质，抑制其他物种生长，使当地物种的种类和数量减少，不仅造成巨大的经济损失，更对生物多样性、生态安全和林业建设构成了极大威胁。近年来，随着国际和国内贸易频繁，外来入侵生物的扩散蔓延速度加剧。

（三）加强林业生物安全保护的对策

1.加强保护森林生物多样性

根据森林生态学原理，在充分考虑物种的生存环境的前提下，用人工促进的方法保护森林生物多样性。一是强化林地管理。林地是森林生物多样性的载体，在统筹规划不同土地利用形式的基础上，要确保林业用地不受侵占及毁坏。林地用于绿化造林，采伐后及时更新，保证有林地占林业用地的足够份额。在荒山荒地造林时，贯彻适地适树营造针阔混交林的原则，增加森林的生物多样性。二是科学分类经营。实施可持续林业经营管理对森林实施科学分类经营，按不同森林功能和作用采取不同的经营手段，为森林生物多样性保护提供了新的途径。三是加强自然保护区的建设。对受威胁的森林动植物实施就地保护和迁地保护策略，保护森林生物多样性。建立自然保护区有利于保护生态系统的完整性，从而保护森林生物多样性。目前，还存在保护区面积比例不足、分布不合理、用于保护的经费及技术明显不足等问题。四是建立物种的基因库。这是保护遗传多样性的重要途径，同时信息系统是生物多样性保护的重要组成部分。因此，尽快建立先进的基因数据库，并根据物种存在的规模、生态环境、地理位置建立不同地区适合生物进化、生存和繁衍的基因局域保护网，最终形成全球性基金保护网，实现共同保护的目的。也可建立生境走廊，把相互隔离的不同地区的生境连接起来构成保护网、种子库等。

2.防控外来有害生物入侵蔓延

一是加快法制进程，实现依法管理。建立完善的法律体系是有效防控外来物种的首要任务。要修正立法目的，制定防控生物入侵的专门性法律，要从国家战略的高度对现有法律法规体系进行全面评估，并在此基础上通过专门性立法来扩大调整范围，对管理的对象、权利与责任等问题做出明确规定。要建立和完善外来物种管理过程中的责任追究机制，做到有权必有责、用权受监督、侵权要赔偿。二是加强机构和体制建设，促进各职能部门行动协调。外来入侵物种的管理是政府一项长期的任务，涉及多个环节和诸多部门，应实行统一监督管理与部门分工负责相结合，中央监管与地方管理相结合，政府监管与公众监督相结合的原则，进一步明确各部门的权限划分和相应的职责，在检验检疫，农、林、牧、渔、海洋、卫生等多部门之间建立合作协调机制，以共同实现对外来入侵物种的有效管理。三是加强检疫封锁。实践证明，检疫制度是抵御生物入侵的重要手段之一，特别是对于无意引进而言，无疑是一道有效的安全屏障。要进一步完善检验检疫配套法规与标准体系及各项工作制度建设，不断加强信息收集，分析有害生物信息网络，强化疫情意识，加大检疫执法力度，严把国门。在科研工作方面，要强化基础建设，建立控制外来物种技术支持基地；加强检验、监测和检疫处理新技术研究，加强有害生物的生物学、生态学、毒理学研究。四是加强引种管理，防止人为传入。要建立外来有害生物入侵风险的评估方法和评估体系。立引种政策，建立经济制约机制，加强引种后的监管。五是加强教育引导，提高公众防范意识。还要加强国际交流与合作。

3.加强对林业转基因生物的安全监管

随着国内外生物技术的不断创新发展，人们对转基因植物的生物安全性问题也越来越关注。生物安全和风险评估本身是一个进化过程，随着科学的发展，生物安全的概念、风险评估的内容、风险的大小以及人们所能接受的能力都将发生变化。与此同时，植物转化技术将不断在转化效率和精确度等方面得到改进。因此，在利用转基因技术对树木进行改造的同时，我们要处理好各方面的关系。一方面应该采取积极的态度去开展转基因林木的研究；另一方面要加强转基因林木生态安全性的评

价和监控，降低其可能对生态环境造成的风险，使转基因林木扬长避短，开创更广阔的应用前景。

第二节　现代林业与生态物质文明

一、现代林业与经济建设

（一）林业推动生态经济发展的理论基础

1. 自然资本理论

自然资本理论为森林对生态经济发展产生巨大作用提供理论根基。生态经济是对200多年来传统发展方式的变革，它的一个重要的前提就是自然资本正在成为人类发展的主要因素，自然资本将越来越受到人类的关注，进而影响经济发展。森林资源作为可再生的资源，是重要的自然生产力，它所提供的各种产品和服务将对经济具有较大的促进作用，同时也将变得越来越稀缺。按照美国著名生态经济学家赫尔曼·E·戴利的观点，用来表明经济系统物质规模大小的最好指标是人类占有光合作用产物的比例，森林作为陆地生态系统中重要的光合作用载体，约占全球光合作用的三分之一，森林的利用对于经济发展具有重要的作用。

2. 生态经济理论

生态经济理论为林业作用于生态经济提供发展方针。首先，生态经济要求将自然资本的新的稀缺性作为经济过程的内生变量，要求提高自然资本的生产率以实现自然资本的节约，这给林业发展的启示是要大力提高林业本身的效率，包括森林的利用效率。其次，生态经济强调好的发展应该是在一定的物质规模情况下的社会福利的增加，森林的利用规模不是越大越好，而是具有相对的一个度，林业生产的规模也不是越大越好，关键看是不是能很合适地嵌入到经济的大循环中。最后，在生态经济关注物质规模一定的情况下，物质分布需要从占有多的向占有少的流动，以达到社会的和谐，林业生产将平衡整个经济发展中的资源利用①。

3.环境经济理论

环境经济理论提高了在生态经济中发挥林业作用的可操作性。环境经济学强调当人类活动排放的废弃物超过环境容量时，为保证环境质量必须投入大量的物化劳动和活劳动。这部分劳动已越来越成为社会生产中的必要劳动，发挥林业在生态经济中的作用越来越成为一种社会认同的事情，其社会和经济可实践性大大增加。环境经济学理论还认为为了保障环境资源的永续利用，也必须改变对环境资源无偿使用的状况，对环境资源进行计量，实行有偿使用，使社会不经济性内在化，使经济活动的环境效应能以经济信息的形式反馈到国民经济计划和核算的体系中，保证经济决策既考虑直接的近期效果，又考虑间接的长远效果。环境经济学为林业在生态经济中的作用的发挥提供了方法上的指导，具有较强的实践意义。

4.循环经济理论

循环经济的3R原则——减量化（reducing）、再利用（reusing）和再循环（recycling）三种原则——为林业发挥作用提供了具体目标。3R原则是循环经济理论的核心原则，具有清晰明了的理论路线，这为林业贯彻生态经济发展方针提供了具体、可行的目标。首先，林业自身是贯彻3R原则的主体，林业是传统经济中的重要部门，为国民经济和人民生活提供丰富的木材和非木质林产品，为造纸、建筑和装饰装潢、煤炭、车船制造、化工、食品、医药等行业提供重要的原材料，林业本身要建立循环经济体，贯彻好3R原则。其次，林业促进其他产业乃至整个经济系统实现3R，森林具有固碳制氧、涵养水源、保持水土、防风固沙等生态功能，为人类的生产生活提供必需的氧气，吸收二氧化碳，净化经济活

①邓须军. 海南热带森林资源变动下经济、社会和生态协调发展研究[D]. 哈尔滨：东北林业大学, 2018.

动中产生的废弃物，在减缓地球温室效应、维护国土生态安全的同时，也为农业、水利、水电、旅游等国民经济部门提供着不可或缺的生态产品和服务，是循环经济发展的重要载体和推动力量，促进了整个生态经济系统实现循环经济。

（二）现代林业促进经济排放减量化

1.林业自身排放的减量化

林业本身是生态经济体，排放到环境中的废弃物少。以森林资源为经营对象的林业第一产业是典型的生态经济体，木材的采伐剩余物可以留在森林，通过微生物的作用降解为腐殖质，重新参与到生物地球化学循环中。随着生物肥料、生物药剂的使用，初级非木质林产品生产过程中几乎不会产生对环境具有破坏作用的废弃物。林产品加工企业也是减量化排放的实践者，通过技术改革，完全可以实现木竹材的全利用，对林木的全树利用和多功能、多效益的循环高效利用，实现对自然环境排放的最小化。例如，竹材加工中竹竿可进行拉丝，梢头可以用于编织，竹下端可用于烧炭，实现了全竹利用；林浆纸一体化循环发展模式促使原本分离的林、浆、纸三个环节整合在一起，让造纸业负担起造林业的责任，自己解决木材原料的问题，发展生态造纸，形成以纸养林、以林促纸的生产格局，促进造纸企业永续经营和造纸工业的可持续发展。

2.林业促进废弃物的减量化

森林吸收其他经济部门排放的废弃物，使生态环境得到保护。发挥森林对水资源的涵养、调节气候等功能，为水电、水利、旅游等事业发展创造条件，实现森林和水资源的高效循环利用，减少和预防自然灾害，加快生态农业、生态旅游等事业的发展。林区功能型生态经济模式有林草模式、林药模式、林牧模式、林菌模式、林禽模式等。森林本身具有生态效益，对其他产业产生的废气、废水、废弃物具有吸附、净化和降解作用，是天然的过滤器和转化器，能将有害气体转化为新的可利用的物质，如对二氧化硫、碳氢化合物、氟化物，可通过林地微生物、树木的吸收，削减其危害程度。

林业促进其他部门减量化排放。森林替代其他材料的使用，减少了资源的消耗和环境的破坏。森林资源是一种可再生的自然资源，可以持续性地提供木材，木材等森林资源的加工利用能耗小，对环境的污染也较轻，是理想的绿色材料。木材具有可再生、可降解、可循环利用、绿色环保的独特优势，与钢材、水泥和塑料并称四大材料，木材的可降解性减少了对环境的破坏。另外，森林是一种十分重要的生物质能源，就其能源当量而言，是仅次于煤、石油、天然气的第四大能源。森林以其占陆地生物物种50%以上和生物质总量70%以上的优势而成为各国新能源开发的重点。我国生物质能资源丰富，现有木本油料林总面积超过400万公顷，种子含油量在40%以上的植物有154种，每年可用于发展生物质能源的生物量为3亿吨左右，折合标准煤约2亿吨。利用现有林地，还可培育能源林1333.3万公顷，每年可提供生物柴油500多万吨。大力开发利用生物质能源，有利于减少煤炭资源过度开采，对于弥补石油和天然气资源短缺、增加能源总量、调整能源结构、缓解能源供应压力、保障能源安全有显著作用。

森林发挥生态效益，在促进能源节约中发挥着显著作用。森林和湿地由于能够降低城市热岛效应，从而能够减少城市在夏季由于空调而产生的电力消耗。由于城市热岛增温效应加剧城市的酷热程度，致使夏季用于降温的空调消耗电能大大增加。

（三）现代林业促进产品的再利用

1.森林资源的再利用

森林资源本身可以循环利用。森林是物质循环和能量交换系统，森林可以持续地提供生态服务。森林通过合理经营，能够源源不断地提供木质和非木质产品。木材采掘业的循环过程为“培育—经营—利用—再培育”，林地资源通过合理的抚育措施，可以保持生产力，经过多个轮伐期后仍然具有较强的地力。关键是确定合理的轮伐期，自法正林理论

诞生开始，人类一直在探索循环利用森林，至今我国规定的采伐限额制度也是为了维护森林的可持续利用；在非木质林产品生产上也可以持续产出。森林的旅游效益也可以持续发挥，而且由于森林的林龄增加，旅游价值也持续增加，所蕴含的森林文化也在不断积淀的基础上更新发展，使森林资源成为一个从物质到文化、从生态到经济均可以持续再利用的生态产品。

2.林产品的再利用

森林资源生产的产品都易于回收和循环利用，大多数的林产品可以持续利用。在现代人类的生产生活中，以森林为主的材料占相当大的比例，主要有原木、锯材、木制品、人造板和家具等以木材为原料的加工品、松香和橡胶及纸浆等林化产品。这些产品在技术可能的情况下都可以实现重复利用，而且重复利用期相对较长，这体现在二手家具市场发展、旧木材的利用、橡胶轮胎的回收利用等。

3.林业促进其他产品的再利用

森林和湿地促进了其他资源的重复利用。森林具有净化水质的作用，水经过森林的过滤可以再被利用；森林具有净化空气的作用，空气经过净化可以重复变成新鲜空气；森林还具有保持水土的功能，对农田进行有效保护，使农田能够保持生产力；对矿山、河流、道路等也同时存在保护作用，使这些资源能够持续利用。湿地具有强大的降解污染功能，维持着96%的可用淡水资源。以其复杂而微妙的物理、化学和生物方式发挥着自然净化器的作用。湿地对所流入的污染物进行过滤、沉积、分解和吸附，实现污水净化。据测算，每公顷湿地每天可净化400吨污水，全国湿地可净化水量154亿吨，相当于38.5万个日处理4万吨级的大型污水处理厂的净化规模。

二、现代林业与粮食安全

（一）林业保障粮食生产的生态条件

森林是农业的生态屏障，林茂才能粮丰。森林通过调节气候、保持水土、增加生物多样性等生态功能，可有效改善农业生态环境，增强农牧业抵御干旱、风沙、干热风、台风、冰雹、霜冻等自然灾害的能力，促进高产稳产。实践证明，加强农田防护林建设，是改善农业生产条件，保护基本农田，巩固和提高农业综合生产能力的基础。在我国，特别是北方地区，自然灾害严重。建立农田防护林体系，包括林网、经济林、四旁绿化和一定数量的生态片林，能有效地保证农业稳产高产。由于林木根系分布在土壤深层，不与地表的农作物争肥，并为农田防风保湿，调节局部气候，加之林中的枯枝落叶及林下微生物的理化作用，能改善土壤结构，促进土壤熟化，从而增强土壤自身的增肥功能和农田持续生产的潜力。据实验观测，农田防护林能使粮食平均增产15%～20%。在山地、丘陵的中上部保留发育良好的生态林，对于山下部的农田增产也会起到促进作用。此外，森林对保护草场，保障畜牧业、渔业发展也有积极影响。

相反，森林毁坏会导致沙漠化，恶化人类粮食生产的生态条件。100多年前，恩格斯在《自然辩证法》中深刻地指出："我们不要过分陶醉于我们对自然界的胜利。对于每一次这样的胜利，自然界都报复了我们。……美索不达米亚、希腊、小亚细亚以及其他各地的居民为了想得到耕地，把森林都砍完了，但是他们想不到，这些地方今天竟因此成为荒芜不毛之地，因为他们使这些地方失去了森林，也失去了积聚和贮存水分的中心。阿尔卑斯山的意大利人，在山南坡砍光了在北坡被十分细心保护的松林。他们没有预料到，这样一来他们把他们区域里的高山畜牧业的基础给摧毁了；他们更没有预料到，他们这样做，竟使山泉在一年中的大部分时间内枯竭了，而在雨季又使更加凶猛的洪水倾泻到平原上。"这种因森林破坏而导致粮食安全受到威胁的情况，在中国也一样。由于森林资源的严重破坏，中国西部及黄河中游地区水土流失、洪水、干旱和荒漠化灾害频繁发生，农业发展也受到极大制约。

（二）林业直接提供森林食品和牲畜饲料

林业可以直接生产木本粮油、食用菌等森林食品，还可为畜牧业提供饲料。中国的2.87亿公顷林地可为粮食安全做出直接贡献。经济林中相当一部分属于木本粮油、森林食品，发展经济林大有可为。经济林是我国五大林种之一，也是经济效益和生态效益结合得最好的林种。按《森林法》规定，“经济林是指以生产果品、食用油料、饮料、调料、工业原料和药材等为主要目的的林木”。我国适生的经济林树种繁多，达1000多种，主栽的树种有30多个，每个树种的品种多达几十个甚至上百个。经济林已成为我国农村经济中一项短平快、效益高、潜力大的新型主导产业。我国经济林发展速度迅猛。

第三节　现代林业与生态精神文明

一、现代林业与生态教育

（一）森林和湿地生态系统的实践教育作用

森林生态系统是陆地上覆盖面积最大、结构最复杂、生物多样性最丰富、功能最强大的自然生态系统，在维护自然生态平衡和国土安全中处于其他任何生态系统都无可替代的主体地位。健康完善的森林生态系统是国家生态安全体系的重要组成部分，也是实现经济与社会可持续发展的物质基础。人类离不开森林，森林本身就是一座内容丰富的知识宝库，是人们充实生态知识、探索动植物王国奥秘、了解人与自然关系的最佳场所。森林文化是人类文明的重要内容，是人类在社会历史过程中用智慧和劳动创造的森林物质财富和精神财富综合的结晶。森林、树木、花草会分泌香气，其景观具有季相变化，还能形成色彩斑斓的奇趣现象，是人们休闲游憩、健身养生、卫生保健、科普教育、文化娱乐的场所，让人们体验“回归自然”的无穷乐趣和美好享受，这就形成了独具特色的森林文化。

湿地是重要的自然资源，具有保持水源、净化水质、蓄洪防旱、调节气候、促游造陆、减少沙尘暴等巨大生态功能，也是生物多样性富集的地区之一，保护了许多珍稀濒危野生动植物物种。湿地不仅仅是我们传统认识上的沼泽、泥炭地、滩涂等，还包括河流、湖泊、水库、稻田以及退潮时水深不超过6米的海域。湿地不仅为人类提供大量食物、原料和水资源，而且在维持生态平衡、保持生物多样性以及蓄洪防旱、降解污染等方面起到重要作用[①]。

因此，在开展生态文明观教育的过程中，要以森林、湿地生态系统为教材，把森林、野生动植物、湿地和生物多样性保护作为开展生态文明观教育的重点，通过教育让人们感受到自然的美。自然美作为非人类加工和创造的自然事物之美的总和，给人类提供了美的物质素材。生态美学是一种人与自然和社会达到动态平衡、和谐一致的处于生态审美状态的崭新的生态存在论美学观。这是一种理想的审美的人生，一种“绿色的人生”，是对人类当下“非美的”生存状态的一种批判和警醒，更是对人类永久发展、世代美好生存的深切关怀，也是对人类得以美好生存的自然家园的重建。生态审美教育对于协调人与自然、社会起着重要的作用。

通过这种实实在在的实地教育，会给受教育者带来完全不同于书本学习的感受，加深其对自然的印象，增进与大自然之间的感情，必然会更有效地促进人与自然和谐相处。森林与湿地系统的教育功能至少能给人们的生态价值观、生态平衡观、自然资源观带来全新的概念和内容。

生态价值观要求人类把生态问题作为一个价值问题来思考，不能仅认为自然界对于人类来说只有资源价值、科研价值和审美价值，而且还有重要的生态价值。所谓生态价值是指各种自然物在生态系统中都占有

①张琦．黑龙江国有林区现代林业产业生态系统构建研究[D]．哈尔滨：东北林业大学，2016.

一定的“生态位”，对于生态平衡的形成、发展、维护都具有不可替代的功能作用。它是不以人的意志为转移的，它不依赖人类的评价，不管人类存在不存在，也不管人类的态度和偏好，它都是存在的。毕竟在人类出现之前，自然生态就已存在了。生态价值观要求人类承认自然的生态价值、尊重生态规律，不能以追求自己的利益作为唯一的出发点和动力，不能总认为自然资源是无限的、无价的和无主的，人们可以任意地享用而不对它承担任何责任，而应当视其为人类的最高价值或最重要的价值。人类作为自然生态的管理者，作为自然生态进化的引导者，义不容辞地具有维护、发展、繁荣、更新和美化地球生态系统的责任。它“是从更全面更长远的意义上深化了自然与人关系的理解”。正如马克思曾经说过的，自然环境不再只是人的手段和工具，而是作为人的无机身体成为主体的一部分，成为人的活动的目的性内容本身。应该说，“生态价值”的形成和提出，是人类对自己与自然生态关系认识的一个质的飞跃，是人类极其重要的思想成果之一。

在生态平衡观看来，包括人在内的动物、植物甚至无机物，都是生态系统里平等的一员，它们各自有着平等的生态地位，每一生态成员各自在质上的优劣、在量上的多寡，都对生态平衡起着不可或缺的作用。今天，虽然人类已经具有了无与伦比的力量优势，但在自然之网中，人与自然的关系不是敌对的征服与被征服的关系，而是互惠互利、共生共荣的友善平等关系。自然界的一切对人类社会生活有益的存在物，如山川草木、飞禽走兽、大地河流、空气、物质矿产等，都是维护人类“生命圈”的朋友。我们应当从小对中小学生培养具有热爱大自然、以自然为友的生态平衡观，此外也应在最大范围内对全社会进行自然教育，使我国的林业得到更充分的发展与保护。

自然资源观包括永续利用观和资源稀缺观两个方面，充分体现着代内道德和代际道德问题。自然资源的永续利用是当今人类社会很多重大问题的关键所在，对可再生资源，要求人们在开发时，必须使后续时段中资源的数量和质量至少要达到目前的水平，从而理解可再生资源的保护、促进再生、如何充分利用等问题；而对于不可再生资源，永续利用则要求人们在耗尽它们之前，必须能找到替代它们的新资源，否则，我们的子孙后代的发展权利将会就此被剥夺。自然资源稀缺观有四个方面：①自然资源自然性稀缺。我国主要资源的人均占有量大大低于世界平均水平。②低效率性稀缺。资源使用效率低，浪费现象严重，加剧了资源供给的稀缺性。③科技与管理落后性稀缺。科技与管理水平低，导致在资源开发中的巨大浪费。④发展性稀缺。我国在经济持续高速发展的同时，也付出了资源的高昂代价，加剧了自然资源紧张、短缺的矛盾。

（二）生态基础知识的宣传教育作用

改善生态环境，促进人与自然的协调与和谐，努力开创生产发展、生活富裕和生态良好的文明发展道路，既是中国实现可持续发展的重大使命，也是新时期林业建设的重要任务。《中共中央 国务院关于加快林业发展的决定》明确指出，在可持续发展中要赋予林业以重要地位，在生态建设中要赋予林业以首要地位，在西部大开发中要赋予林业以基础地位。随着国家可持续发展战略和西部大开发战略的实施，我国林业进入了一个可持续发展理论指导的新阶段。凡此种种，无不阐明了现代林业之于和谐社会建设的重要性。有鉴于此，我们必须做好相关生态知识的科普宣传工作，通过各种渠道的宣传教育，增强民族的生态意识，激发人民的生态热情，更好地促进我国生态文明建设的进展。

生态建设、生态安全、生态文明是建设山川秀美的生态文明社会的核心。生态建设是生态安全的基础，生态安全是生态文明的保障，生态文明是生态建设所追求的最终目标。生态建设，即确立以生态建设为主的林业可持续发展道路，在生态优先的前提下，坚持森林可持续经营的理念，充分发挥林业的生态、经济、社会三大效益，正确认识和处理林业与农业、牧业、水利、气象等国民经济相关部门协调发展的关系，正

确认识和处理资源保护与发展、培育与利用的关系，实现可再生资源的多目标经营与可持续利用。生态安全是国家安全的重要组成部分，是维系一个国家经济社会可持续发展的基础。生态文明是可持续发展的重要标志。建立生态文明社会，就是要按照以人为本的发展观、不侵害后代人生存发展权的道德观、人与自然和谐相处的价值观，指导林业建设，弘扬森林文化，改善生态环境，实现山川秀美，推进我国物质文明和精神文明建设，使人们在思想观念、科学教育、文学艺术、人文关怀诸方面都产生新的变化，在生产方式、消费方式、生活方式等各方面构建生态文明的社会形态。

人类只有一个地球，地球生态系统的承受能力是有限的。人与自然不仅具有斗争性，而且具有统一性，必须树立人与自然和谐相处的观念。我们应该对全社会大力进行生态教育，要教导全社会尊重与爱护自然，培养公民自觉、自律意识与平等观念，顺应生态规律，倡导可持续发展的生产方式、健康的生活消费方式，建立科学合理的幸福观。幸福的获得离不开良好生态环境，只有在良好生态环境中人们才能生活得幸福，所以要扩大道德的适用范围，把道德诉求扩展至人类与自然生物和自然环境的方方面面，强调生态伦理道德。生态道德教育是提高全民族的生态道德素质、生态道德意识，建设生态文明的精神依托和道德基础。只有大力培养全民族的生态道德意识，使人们对生态环境的保护转为自觉的行动，才能解决生态保护的根本问题，才能为生态文明的发展奠定坚实的基础。在强调可持续发展的今天，对于生态文明教育来说，这个内容是必不可少的。深入推进生态文化体系建设，强化全社会的生态文明观念：一要大力加强宣传教育。深化理论研究，创作一批有影响力的生态文化产品，全面深化对建设生态文明重大意义的认识。要把生态教育作为全民教育、全程教育、终身教育、基础教育的重要内容，尤其要增强领导干部的生态文明观念和未成年人的生态道德教育，使生态文明观深入人心。二要巩固和拓展生态文化阵地。加强生态文化基础设施建设，充分发挥森林公园、湿地公园、自然保护区、各种纪念林、古树名木在生态文明建设中的传播、教育功能，建设一批生态文明教育示范基地。拓展生态文化传播渠道，推进“国树”“国花”“国鸟”评选工作，大力宣传和评选代表各地特色的树、花、鸟，继续开展“国家森林城市”创建活动。三要发挥示范和引领作用。充分发挥林业在建设生态文明中的先锋和骨干作用。全体林业建设者都要做生态文明建设的引导者、组织者、实践者和推动者，在全社会大力倡导生态价值观、生态道德观、生态责任观、生态消费观和生态政绩观。要通过生态文化体系建设，真正发挥生态文明建设主要承担者的作用，真正为全社会牢固树立生态文明观念做出贡献。

通过生态基础知识的教育，能有效地提高全民的生态意识，激发民众爱林、护林的认同感和积极性，从而为生态文明的建设奠定良好基础。

（三）生态科普教育基地的示范作用

当前我国公民的生态环境意识还较差，特别是各级领导干部的生态环境意识还比较薄弱，考察领导干部的政绩时还没有把保护生态的业绩放在主要政绩上。

森林公园、自然保护区、城市动物园、野生动物园、植物园、苗圃和湿地公园等是展示生态建设成就的窗口，也是进行生态科普教育的基地，充分发挥这些园区的教育作用，使其成为开展生态实践的大课堂，对于全民生态环境意识的增强、生态文明观的树立具有突出的作用。森林公园中蕴含着生态保护、生态建设、生态哲学、生态伦理、生态宗教文化等各种生态文化要素，是生态文化体系建设中的精髓。森林蕴含着深厚的文化内涵，森林以其独特的形体美、色彩美、音韵美、结构美，对人们的审美意识起到了潜移默化的作用，形成自然美的主体旋律。森林文化通过森林美学、森林旅游文化、园林文化、花文化、竹文化等展示了其丰富多彩的人文内涵，在给人们增长知识、陶冶情操、丰富精神生活等方面发挥着难以比拟的作用。

2007年5月，国家林业局下发《关于进一步加强森林公园生态文化建设的通知》，要求各级林业主管部门充分认识森林公园在生态文化建设中的重要作用和巨大潜力，将生态文化建设作为森林公园建设的一项长期的根本性任务抓紧抓实抓好，使森林公园切实担负起建设生态文化的重任，成为发展生态文化的先锋。各地在森林公园规划过程中，要把生态文化建设作为森林公园总体规划的重要内容，根据森林公园的不同特点，明确生态文化建设的主要方向、建设重点和功能布局。同时，森林公园要加强森林（自然）博物馆、标本馆、游客中心、解说步道等生态文化基础设施建设，进一步完善现有生态文化设施的配套设施，不断强化这些设施的科普教育功能，为人们了解森林、认识生态、探索自然提供良好的场所和条件。充分认识、挖掘森林公园内各类自然文化资源的生态、美学、文化、游憩和教育价值。根据资源特点，深入挖掘森林、花、竹、茶、湿地、野生动物、宗教等文化的发展潜力，并将其建设发展为人们乐于接受且富有教育意义的生态文化产品。森林公园可充分利用自身优势，建设一批高标准的生态科普和生态道德教育基地，把森林公园建设成为对未成年人进行生态道德教育的最生动的课堂。

经过不懈努力，以生态科普教育基地（森林公园、自然保护区、城市动物园、野生动物园、植物园、苗圃和湿地公园等）为基础的生态文化建设取得了良好的成效。今后，要进一步完善园区内的科普教育设施，扩大科普教育功能，增加生态建设方面的教育内容，从人们的心理和年龄特点出发，坚持寓教于乐，有针对性地精心组织活动项目，积极开展生动鲜活，知识性、趣味性和参与性强的生态科普教育活动，尤其是要吸引人们参与植树造林、野外考察、观鸟比赛等活动，或在自然保护区、野生动植物园开展以保护野生动植物为主题的生态实践活动。尤其针对中小学生集体参观要减免门票，有条件的生态园区要免费向青少年开放。

通过对全社会开展生态教育，使全体公民对中国的自然环境、气候条件、动植物资源等基本国情有更深入的了解。一方面，可以激发人们对祖国的热爱之情，树立民族自尊心和自豪感，阐述人与自然和谐相处的道理，认识到国家和地区实施可持续发展战略的重大意义，进一步明确保护生态自然、促进人类与自然和谐发展中所担负的责任，使人们在走向自然的同时，更加热爱自然、热爱生活，进一步培养生态保护意识和科技意识；另一方面，通过展示过度开发和人为破坏所造成的生态危机现状，让人们形成资源枯竭的危机意识，看到差距和不利因素，进而会让人们产生保护生物资源的紧迫感和强烈的社会责任感，自觉遵守和维护国家的相关规定，在全社会形成良好的风气，真正地把生态保护工作落到实处，还社会一片绿色。

二、现代林业与生态文化

（一）森林在生态文化中的重要作用

在生态文化建设中，除了价值观起先导作用外，还有一些重要的方面。森林就是这样一个非常重要的方面。人们把未来的文化称为“绿色文化”或“绿色文明”，未来发展要走一条“绿色道路”，这就生动地表明，森林在人类未来文化发展中是十分重要的。大家知道，森林是把太阳能转变为地球有效能量，以及这种能量流动和物质循环的总枢纽。地球上人和其他生命都靠植物，主要是森林积累的太阳能生存。森林是地球生态的调节者，是维护大自然生态平衡的枢纽。地球生态系统的物质循环和能量流动，从森林的光合作用开始，最后复归于森林环境。例如，森林被称为“地球之肺”，吸收大气和土壤中的污染物质，是“天然净化器”；每公顷阔叶林每天吸收1000千克二氧化碳，放出730千克氧气；全球森林每年吸收4000亿吨二氧化碳，放出4000亿吨氧气，是“造氧机”和二氧化碳“吸附器”，对于地球大气的碳平衡和氧平衡有重大作用。森林又是“天然储水池”，平均33平方千米的森林涵养的水，相当于100万座水库库容的水；它对保护土壤、防风固沙、保持水土、调

节气候等有重大作用。这些价值没有替代物，它作为地球生命保障系统的最重要方面，与人类生存和发展有极为密切的关系。对于人类文化建设，森林的价值是多方面的、重要的，包括经济价值、生态价值、科学价值、娱乐价值、美学价值、生物多样性价值。

无论从生态学（生命保障系统）的角度，还是从经济学（国民经济基础）的角度，森林作为地球上人和其他生物的生命线，是人和生命生存不可缺少的，没有任何代替物，具有最高的价值。森林的问题，是关系地球上人和其他生命生存和发展的大问题。在生态文化建设中，我们要热爱森林，重视森林的价值，提高森林在国民经济中的地位，建设森林，保育森林，使中华大地山常绿、水长流，沿着绿色道路走向美好的未来。

（二）现代林业体现生态文化发展内涵

生态文化是探讨和解决人与自然之间复杂关系的文化；是基于生态系统、尊重生态规律的文化；是以实现生态系统的多重价值来满足人的多重需要为目的的文化；是渗透于物质文化、制度文化和精神文化之中，体现人与自然和谐相处的生态价值观的文化。生态文化要以自然价值论为指导，建立起符合生态学原理的价值观念、思维模式、经济法则、生活方式和管理体系，实现人与自然的和谐相处及协同发展。生态文化的核心思想是人与自然和谐。现代林业强调人类与森林的和谐发展，强调以森林的多重价值来满足人类的物质、文化需要。林业的发展充分体现了生态文化发展的内涵和价值体系。

1. 现代林业是传播生态文化和培养生态意识的重要阵地

牢固树立生态文明观是建设生态文明的基本要求。大力弘扬生态文化可以引领全社会普及生态科学知识，认识自然规律，树立人与自然和谐的核心价值观，促进社会生产方式、生活方式和消费模式的根本转变；可以强化政府部门科学决策的行为，使政府的决策有利于促进人与自然的和谐；可以推动科学技术不断创新发展，提高资源利用效率，促进生态环境的根本改善。生态文化是弘扬生态文明的先进文化，是建设生态文明的文化基础。林业为社会所创造的丰富的生态产品、物质产品和文化产品，为全民所共享。大力传播人与自然和谐相处的价值观，为全社会牢固树立生态文明观、推动生态文明建设发挥了重要作用。

通过自然科学与社会人文科学、自然景观与历史人文景观的有机结合，形成了林业所特有的生态文化体系，它以自然博物馆、森林博览园、野生动物园、森林与湿地国家公园、动植物以及昆虫标本馆等为载体，以强烈的亲和力，丰富的知识性、趣味性和广泛的参与性为特色，寓教于乐、陶冶情操，形成了自然与人文相互交融、历史与现实相得益彰的文化形式。

2.现代林业发展繁荣生态文化

林业是生态文化的主要源泉，是繁荣生态文化、弘扬生态文明的重要阵地。建设生态文明要求在全社会牢固树立生态文明观。森林是人类文明的摇篮，孕育了灿烂悠久、丰富多样的生态文化，如森林文化、花文化、竹文化、茶文化、湿地文化、野生动物文化和生态旅游文化等。这些文化集中反映了人类热爱自然、与自然和谐相处的共同价值观，是弘扬生态文明的先进文化，是建设生态文明的文化基础。大力发展生态文化，可以引领全社会了解生态知识，认识自然规律，树立人与自然和谐的价值观。林业具有突出的文化功能，在推动全社会牢固树立生态文明观念方面发挥着关键作用。

第三章 现代林业生态建设的理论基础

第一节 现代生态学与景观生态学理论

一、生态系统学理论

生态系统这个概念，实际上就是在生物群落概念的基础上再加上非生物的环境成分（如阳光、温度、湿度、土壤、各种有机或无机的物质等），就构成了生态系统。也可以说，生态系统是指在一定空间内生物和非生物的成分，通过物质循环和能量流动而相互作用、相互依存形成一个生态学功能单位。生态系统可以形象地比喻为一部机器，它由许多零件组成，这些零件之间靠能量的传送而互相联系为一部完整的机器。即生态系统是由许多生物组成的，通过物质循环、能量流动和信息传递把这些生物与环境统一起来，联系成为一个完整的生态学功能单位。

（一）生态系统结构

任何一个生态系统都是由生物系统和环境系统共同组成的。生物系统包括生产者、消费者和分解者（还原者）。环境系统包括太阳辐射以及各种有机和无机的成分。组成生态系统的成分，通过能流、物流和信息流，彼此联系起来，形成一个功能体系（单位）生态系统。生产者、消费者和分解者是根据它在生态系统的功能来划分是相对的。因为在生态过程中有分解，在消费过程中有生产和分解，而在分解过程中也存在生产和消费[①]。

1.生态系统的基本成分

尽管生态系统大大小小、各种各样，但是它们具有共同的基本组成成分：生命成分，即生物群落的三大功能类群生产者（如绿色植物、光能和化能自养微生物）、消费者（如动物、人）和分解者（如细菌、真菌）；非生命成分，即物理环境的能源和各种物质因子，如太阳辐射、无机物质（如水、二氧化碳、氧气以及各种矿质元素）和有机物质。

2.生态系统的网络结构、营养级位、食物链和食物网

生态系统中，由食性关系所建立的各种食物之间的营养联系，形成一系列猎物与捕食者的锁链，称食物链（foodchain）。

自然界中罕有一种生物完全依赖另一种生物而生存，常常是一种动物可以多种生物为食物，同一种动物可以占几个营养层次，如杂食动物。而且，动物的食性又因环境、年龄、季节的变化而有所不同，各条多元的食物链，总是会联结为错综复杂的食物网络。

3.生态系统中的生产和分解过程

一个完整和持续发展的自然生态系统一般都包含生产者、消费者和分解者，而它们根据彼此间的食物关系又可以构成不同类型的食物链。消费者只是利用现成的有机物，通过分解进行再生产的过程，所以最基本的应该是生产和分解两个过程。

第一，生产过程生态系统中各类群食物在生长过程中都包含生物量生产过程，而这里重点是生产者，即自养生物以无机物为原料，制造有

①闵筱筱．现代农业观光园生态规划途径研究[D]．郑州：河南农业大学，2014.

机物固定能量的过程。当然，其中最主要的要算绿色植物的光合作用。

第二，分解过程实质上是把复杂的有机物质分解成简单的无机物（矿化）过程，同时在这个过程中释放能量，也称异化代谢过程。

（二）生态系统的功能

任何生态系统都具有能量流动、物质循环和信息联系，这三者是生态系统整体的基本功能。

1.生态系统中的能量流动

能量流动是生态系统的动因。一切生命活动都依赖生物与环境之间的能量流通和转换，没有这种能量流动，也就没有生命过程、没有生态系统、没有生物生产。

（1）能量流动与热力学定律

能量在生态系统中的流动、转移和转化是严格遵守热力学第一定律和第二定律。热力学第一定律即能量守恒定律在热力学中的应用。在自然界的一切现象中，能量既不能创造，也不能消灭，而只能以严格的化学计量比例，由一种形式转变为另一种形式。

热力学第二定律即"热从低温物体传给高温物体而不产生其他变化是不可能的"。能量在生态系统各营养级之间的流动是单向的，而且转化过程中不断有热的产生和消耗，从前面一个营养级能量转变为后面一个营养级的潜能不可能是百分之一百的。

能量从集中型到分散型的衰变，可以不需外力的帮助而自动实现，热力学中将它称为自发过程或自动过程。为了判断自发过程的方向和限度，一般以熵（entropy）和自由能（freeenergy）为自发过程的两个状态函数来进行描述。熵值可以作为一个系统无序状态的量度。

整个自然界的变化趋势是从有序到无序，熵值增加，从而放出能量，例如生态系统中复杂的有机物被还原者分解为无机物，这是一个自发过程。但是，生态系统作为开放系统，由于负熵流的不断输入，借助于光能，可以将水和二氧化碳变成有机物，从无序到有序。

生态系统中生命成分的各种表现都与能量转化有关，生命的本质就是生长繁殖、物质合成等连续变化的过程，这一切都伴随着能量转化的过程。因此，没有能量的转化也就没有生命。

(2) 生产力

初级生产生态系统最初的能量来源于太阳，为绿色植物的光合作用所固定，被植物积累的有机物质叫生产量，有机物质积累的速率叫生产力或生产率。由于绿色植物的光合作用产量是能量储存的最初和最基本的形式，所以绿色植物的生产量叫第一性或初级生产量，这种生产速率叫第一性生产力，从生态学以及管理和开发利用的观点来看，生产力是生态系统最重要的特征之一，在生产力基础上才可能比较不同的系统、评定各种环境限制因素的意义。

地表单位面积、单位时间内光合作用生产有机物质的数量叫总第一性生产量。它以g/（平方米•a）或千焦/（平方米•a）表示。

可是，绿色植物维持自己的生存总是要进行呼吸作用。呼吸作用和光合作用相反，要消耗一部分光合作用过程中所生成的有机物质，余下的部分才是积累形成“生物量”（体重），呼吸之后余下的有机物质的数量，叫净第一性（初级）生产量。

净第一性生产量随时间过程积累形成植物生产量，净生产量被植食性动物所消耗，一部分（枯枝落叶）供分解者以能量，余下的叫现存量。换言之，现存量是一定面积或体积内现存植物组织的总量。严格地说，在某一时间、某一地区统计积累下来的有机物质的数量应是现存量，而不是生物量，但通常很难测得严格意义上的生物量。因而，常常对两者不加以区别，甚至等同看待。当然，生物量按日、按季节、按年不断地在变化。

从空间上说，第一性生产量在地球表面并不是均匀分布的。在陆地生态系统中第一性生产量在热带最高，向两极逐渐减少；然而，在任何

纬度，当降雨减少时第一性生产量也要减少。

生态系统的初级生产力不仅有水平上的差异，还具有垂直变化的规律，通常是乔木层最高，灌木层次之，草本层更低。地下部分也反映出同样的情况。

次级生产量是指除了初级生产者之外的其他有机体的生产，即消费者、还原者（分解者）利用初级生产量进行的同化作用，表现为动物和真菌、细菌等微生物的生长、繁殖与营养物质的贮藏。

生态效率如果把生态系统看成能量转换器，那么这里就存在相对效率的问题，这种比率通常以百分数表示，称之为生态效率。生态效率可以分两大类，即营养级位内和营养级位之间的。前者是度量一个物种利用食物能量的效率、同化能量的有效程度；后者是度量营养级位之间的转化效率和能量通道的大小。

2.生态系统中的物质流动

（1）物质流动的一般特征

就生态系统而言，物质循环可以分为生态系统内部的物质流动和生态系统外部（即生态系统之间）的物质流动，但两者是密切相关的。

分析森林生态系统的物质流动，主要是分析内部营养成分的循环，当然也要与外部物质流动相配合。森林生态系统物流分析着重于物流的方式和各种有机体中运转速度的测定，特别着重于组织中营养元素的分析，并与生物量、净生产量的测定相结合，同时必须测定降雨而带入土壤中的养分运动，以及生产者、消费者和分解者各营养级与土壤养分输入与输出的测定。

森林生态系统的养分在有机体内的含量各不相同。森林与土壤之间的循环可能将大部分硝酸盐和磷酸盐集中于树木之中，而大部分钙则集中于土壤中。土壤中的养分则主要依赖于叶子等有机物质的腐烂和根系吸收之间的周转。植物与土壤之间的循环是迅速而紧凑的。因此，土壤中的养分多寡直接影响植物的生产力。

残落物的腐烂是养分归还土壤的最重要的形式，当然，还有许多归还形式。在很多植物中，某些养分在落叶之前就回到枝条组织中，当然某些元素直到落叶时，在叶内还在增加，所以植物本身就可以保持一部分的供应，而循环仍旧是紧张的。

大量的有机碳以残落物的方式落到地面，然后被土壤动物、细菌和真菌等分解者腐烂、分解，并释放出养分归还给土壤。但残落物分解的速度变化很大，如木材、针叶和硬木比落叶阔叶林和热带雨林的叶子的残落物更难于分解；同时，腐烂速度与温度有密切关系，在寒冷气候下比热带气候下腐烂的速度要慢。

淋溶作用（雨水从植物表面淋溶下来带到土壤中的养分的量）对养分归还起很大的作用。对钾、钠两个元素来说，从叶子和树皮冲洗进入土壤的量，比落叶归还到土壤中的量要大。但氮则相反，因为它流经植物体表面时被树皮和叶上的地衣、藻类和细菌所吸收。

（2）几种主要物质的循环

水是一切生命有机体的组成成分，又是生态系统中能量流动和物质循环的介质，对调节气候、净化环境都具有重要作用。

水面占地球表面70%以上，在冰川、冰山、海洋、河流、湖泊、土壤、大气中均有分布，约有1.4×10^9立方米。海洋、湖泊、河流和地表水分，不断蒸发，形成水蒸气，进入大气；植物吸收到体内的大部分水分，通过叶表面的蒸腾作用，也进入大气，在大气中的水汽遇冷，形成雨、雪、雹等降水过程重新返回地面、水面，一部分直接落到海洋、湖泊、河流等水域中；一部分落到陆地表面，其中部分渗入地下形成地下水，贮存下来，部分形成地表径流，流入江河，汇入海洋，由于总降水量与蒸发量相对平衡，所以，水循环是处于稳定状态。但是，在不同地区蒸发量是不同的，海洋蒸发量大于陆地，低纬度蒸发量大于高纬度，假定总降水量为100单位，来源于海洋蒸发的占84单位，来源于陆地的蒸发量只有16单位；反之，大气中的水汽，通过降水到海洋的是77单

位，而到陆地的是23单位，也就是说，陆地的降水量大于蒸发量，而海洋的降水量小于蒸发量，海洋的过量蒸发必须由陆地地表径流不断给予补充。

碳循环碳存在于生命有机体和无机环境之中。它最主要的贮存库应该是岩石圈，占总量的99.9%，约2.7×10^{16}吨，大都以碳酸盐形式存在，只有很少一部分以碳氢化合物和碳水化合物形式存在。海洋中含有0.1%的二氧化碳，空气中含有0.0126%二氧化碳，在陆地和海洋之间的碳循环，空气是它们的桥梁。

毫无疑问，碳的生物地球化学循环首先归功于光合作用，是它把光能转变为化学能。碳循环、生物地球化学循环的背景是大循环。火山爆发、岩石风化、化石能源的燃烧都产生二氧化碳，同样，所有生物的呼吸也产生二氧化碳。据估计，大气中的二氧化碳贮量大约是7000×10^3吨，而每年只有200×10^3 ~ 300×10^3吨为光合作用所利用，却有1000×10^3吨二氧化碳以碳酸盐形式溶于水，流入海洋。

氮循环氮存在于生物体、大气和矿物质中。大气中氮占79%，但它是一种很不活泼的气体，不能为大多数生物所利用。大气中氮进入生物有机体主要有四条途径：①生物固氮。如豆科植物及其他少数高等植物和根瘤菌共生形成的根瘤，可以固氮供植物体利用；又如某些固氮蓝藻、固氮细菌也能固定大气中的氮，进入有机界。②工业固氮。是通过工业手段，将大气中的氮合成氨或硝酸盐，即合成氮肥供植物利用。③岩浆固氮。火山爆发时喷射出的岩浆可以固定部分大气中的氮。④大气固氮。雷雨天气发生闪电现象，通过电离作用，可以使大气中的氮氧化成硝酸盐经雨水淋洗带进土壤。

在整个氮循环中，每年通过各种途径从大气中固定的氮约91.8×10^3吨，其中经反硝化作用，生成游离氮，又返回大气中去的，每年约有85×10^2吨。它们都分布在土壤、地下水、河流、湖泊，造成土壤和水体的污染，全世界范围内的水花和海洋赤潮都是水体富营养的结果。

磷循环磷通常没有气态，属典型的沉积循环。磷随水的流动，从陆地来到海洋，但是，它从海洋回到陆地十分困难，因此，它是不完全的循环。

磷的主要贮存库是岩石，尤其是天然的磷酸盐沉积。岩石是通过风化、侵蚀、淋洗而释放出磷。植物从环境中吸收磷合成原生质，通过食物链在生态系统中循环，然后通过排泄物和尸体分解再回到环境中去。在陆地生态系统中，有机磷被细菌还原为无机磷，其中一部分被植物吸收开始新的循环，一部分变成植物不能利用的化合物。陆地生态系统中的一部分随水流入湖泊和海洋。

在水体中的无机磷，很快为浮游植物所利用，同样在食物链中传递，而一部分则沉淀于水底，其中一部分则离开循环。这就是磷循环是不完全循环的原因所在。

（3）循环速率与循环指数

流通率物质在单位时间、单位面积量（体积）的转移量，称为流通率。物质在生态系统中的流通率，通常用绝对值[物质/（单位面积·单位时间）]表示。此外，物质在生态系统中的转移还可以用周转率和周转时间表示。

循环指数在0~0.1，属于低再循环率，出现在生态系统发育早期、系统中该元素很丰富、对于生命非必需元素等情况。循环指数值大于0.5，属高再循环率，出现在生态系统发育成熟期、来源稀少、对于生命必需元素等情况。

3.生态系统中的信息联系

生态系统中的信息传递是一个比较新的研究领域，有关这方面内容还很不系统。在生态系统中种群与种群之间、种群内部个体与个体之间，甚至生物与环境之间都存在信息传递。信息传递与联系的方式是多种多样的，它的作用与能流、物流一样，把生态系统各组分联系成一个整体，并具有调节系统稳定性的作用。一般把信息联系归纳成以下几

种：营养信息、化学信息、物理信息和行为信息。

（三）生态系统的平衡与发育观

随着全球人口数量迅速增长，生产和生活水平不断提高，人类对自然生态系统的压力越来越大，自然生态系统的稳定性受到严重干扰，不少有识之士大声疾呼要保护自然环境的平衡。因此，“生态平衡”这个名词不胫而走，它的定义是：“生态平衡是生态系统在一定时间内结构与功能的相对稳定状态，其物质和能量的输入、输出接近相等，在外来干扰下，能通过自我调节（或人为控制）恢复到原初稳定状态。当外来干扰超越生态系统自我调节能力，而不能恢复到原初状态谓之生态失调，或生态平衡的破坏。生态平衡是动态的。维护生态平衡不只是保持其原初状态，生态系统在人为有益的影响下，可以建立新的平衡，达到更合理的结构，更高效的功能和更好的生态效益。”

以上这个定义内容十分丰富，包含有多方面生态学概念，诸如：生态系统的发展、稳态，生态系统的调节，对外界干扰的抵抗和恢复能力等。

生态系统的稳态是有时间性的，是生态系统发展到一定状态才出现的。作为生态系统中的有生命成分，有一个发生、发展的过程，即生物群落的演替过程。由生物群落及其所在的环境共同组成的生态系统的发展，一般称为生态系统的发育。

在群落学论述的群落的演替，从生态系统角度来认识就是生态系统的发育，可以看到当裸岩上的地衣逐步演替到森林的时候，它的环境也从岩石发展成肥沃的土壤，生物群落演替过程同时也是环境演替的过程。生物群落发展到了顶极群落，这时候生态系统发育到稳定状态。生态系统的结构和功能相对稳定，生态系统中生物量最大，生物种间的相互联系最为复杂。

美国生态学家尤金·奥德姆在总结生态系统发育过程中最重要的规律有以下几点：

生态能量学特征幼年期生态系统（总生产量P/群落呼吸量R>1），而成熟稳定的生态系统中P/R接近于1。由此可见，P/R比率是表示生态系统相对成熟的最好的功能性指标。在发育早期，如果R大于P被称为异养演替；相反，如果早期的P大于R，也就被称为自养演替。但是从理论上讲，上述两种演替中，P/R比率都随着演替发展而接近于1。换言之，在成熟的或“顶极”的生态系统，固定的能量与消耗能量趋向平衡。

食物网特征幼年期生态系统的食物链结构简单，往往是直线的，随后发展成为以放射食物链为主，到成熟期，食物网结构十分复杂，大部分通过腐食食物链途径。成熟系统复杂的营养结构，使它对于物理环境的干扰具有较大的抵抗能力。这也是处于平衡的动态系统自我调节能力的表现。

营养物质循环上的特征在生态系统发展的过程中，主要的营养物质，如氮、磷、钾、钙，当生态系统中生物地球化学循环向着更加稳定的方向发展，成熟系统具有更大的网络和保持住营养物质的功能。营养物质丧失量少，输入量和输出量接近平衡。

群落结构特征在演替过程中，一般认为物种多样性趋向于增加，某一物种或少数类群占优势的情形减少，即在均匀性有增加的趋势。但到“顶极”时期，多样性指数可能有所下降，物种多样性增加，营养结构复杂化，种间竞争更为激烈，导致生态分化，物种生活史更为复杂化。

有机化合物多样性增加，不仅表现在生物量上，而且有机代谢物在调节生态系统组成和稳定上发挥重要作用。

选择压力岛屿生态学研究证明，在生物移植早期，即物种数少而不拥挤时期，具有高增殖潜力的物种有较大生存的可能性。相反，在系统接近平衡的晚期，选择压力有利于低增殖潜力且具有较强竞争力的物种。因此，量的生产是幼年期生态系统的特征，而质的生产和反馈控制则是成熟生态系统的标志。

稳态成熟期的生态系统的稳态，主要表现在系统内部的生物间相互联系或内部共生发达，保持住营养物质能力的提高，对外界干扰抵抗力较大的信息量和较低的熵值等。

（四）生态系统的反馈调节

一般系统论认为系统存在的空间总是有限的，开放系统必然存在有外环境，系统与环境之间的相互作用是经常的，环境对系统的干扰是随机的。开放系统要保持其功能的稳定性，系统必须具备对环境适应能力和自我调节的能力。

反馈可以分成正、负反馈两种。正反馈能使偏离加剧，系统不可能保持稳定。例如，生物生长过程中个体越来越大，种群在持续增长过程中，个体数量不断上升，都属正反馈。这当然也都是生物生长过程中所必需的。负反馈，也叫“反偏离反馈”，要使系统维持稳态，只有通过负反馈控制。

（五）生态系统的稳定性

1.生态系统的稳定性与复杂性

自然生态系统能量流动是单向的，在流动过程中不断地以热的形式消散，所以保持稳定根本原因是太阳不断地给生物圈补充能量。不言而喻，这一来源一旦消失，生态系统的功能也将停止。

生态系统是一个控制系统，通过反馈调节，维持系统的稳定状态。系统的稳定性与结构的复杂性密切相关，在这一问题上生态学家长期以来存在着不同的看法。一般说来，生物生态学家普遍认为系统的复杂性导致稳定性。

以热带雨林群落代表结构复杂的生态系统和极地苔原群落代表简单的生态系统进行比较，讨论复杂性与稳定性之间的关系。

热带雨林结构复杂，物种多样性高，种间相互关系多而密切，进化历史长，其环境条件相对稳定，可预测性强；反之，极地苔原群落结构简单，物种多样性低，种间相互作用少，进化历史短，其环境条件多变且难于预测。一般认为，热带雨林抵抗干扰和保持系统稳定性的能力比极地苔原群落强。但是一旦热带雨林在经受一次性严重破坏（如人工砍伐）后，其恢复所需要时间更长，而极地苔原群落虽然抗干扰能力差，但受到破坏以后，其恢复所需要时间要短。

越来越多的证据表明，稳定性所包含的两种能力，即抵抗力和恢复力之间，并非正相关，而是相互排斥的。

2.生态系统稳定性阈值

在生态平衡概念中指出："当外来干扰超越生态系统自我调节能力，而不能恢复到原初状态，谓之生态失调，或生态平衡的破坏。"任何一个系统对外界干扰的抵抗都有一定的限度——阈值；也就是说，生态系统存在着一个稳定性阈值。

生态系统稳定性阈值，取决于生态系统的成熟程度。与前面讨论的抵抗力相一致，抵抗力越高，阈值也越高；反之，抵抗力越低，稳定性阈值也就越低。自然生态系统的成员之间的关系是错综复杂的，其稳定性有自身的调节机制。干扰超过生态系统稳定性阈值，将会造成生态系统的崩溃，表面上看，企图帮助或宠爱某一种生物，其结果必然伤害到另一些生物，结果是适得其反。

二、生态环境脆弱带理论

在生态系统中，凡处于两种或两种以上的物质体系、能量体系、结构体系、功能体系之间所形成的"界面"，以及围绕该界面向外延伸的"过渡带"的空间域，即称为生态环境脆弱带（ECOTONE）。生态环境脆弱带的形状、面积、结构等，属于空间范畴的内容；生态环境脆弱带的变化速率及过程演替，属于时间范畴的内容；生态环境脆弱带的脆弱程度以及发生频度，则属于生态环境质量评价的范畴。更为普遍的认识，肯定生态环境脆弱带必然是非线性表现的典型域，它一直被视为界面理论在生态环境中的广延与发展。

（一）界面的脆弱性

生态环境无一例外地均表现为广义的非均衡。其直接后果必然是梯

度的产生。梯度导致了广义力与广义流，从而使得整个生态系统处于不停的动态变化之中。

非均衡中最为直观的表现，又必然归结到“广义界面”的讨论。因为在通常的意义上去理解，界面应视为相对均衡要素之间的“突发转换”或“异常空间邻接”。界面“脆弱”的基本特征，可以表达如下：①可被代替的概率大，竞争的程度高；②可以恢复原状的机会小；③抗干扰的能力弱，对于改变界面状态的外力，只具相对低的阻抗；④界面变化速度快，空间移动能力强；⑤非线性的集中表达区，非连续性的集中显示区，突变的产生区，生物多样性的出现区。

（二）生态环境脆弱带的空间归纳

在生物圈中，从宏观的角度去认识生态环境脆弱带，可以归纳为如下的空间表达：

1.城乡交接带

从城市向农村的过渡带。由于人口数量和质量、经济形态、供需关系、物质能量交换水平、生活水准、社会心理等因素，使得这一过渡带的时空变化，表现出十分迅速和不稳定的特征。

2.干湿交替带

从比较湿润向比较干燥变化的过渡带。由于气候条件的差异，热量、水分平衡的状况产生了不同的生态效果，与此相应的植被类型、土壤类型、地表景观、生产方式等，均具有脆弱程度较高的特点。

3.农牧交错带

由于生产条件、生产方式以及生产目标的不同，在农业地区与牧业地区的衔接处，形成了一个过渡的交界带。在这个过渡带中，由于人类的生产活动，形成了生态环境脆弱的基本前提。

4.水陆交界带

由于液相物质与固相物质的互相交接，出现了一个既不同于水体，也不同于土体的特殊过渡带，其受力方式及强度，以及频繁的侵蚀与堆积等，使得这一交界带呈现不稳定的特征。

5. 森林边缘带

森林边缘所承受的环境应力及社会经济应力，不同于森林内部，亦不同于非林地的自然环境，因此该边缘带的形态及演化，常常成为生态环境评定的指示者。

6. 沙漠边缘带

由于物质组成、外营力以及地表景观的显著差异，沙漠内部与非沙漠的农牧区之间，同样形成了明显的生态环境脆弱带，它的移动和变换，反映了各种综合作用的共同结果。

7. 梯度联结带

主要由于重力梯度（高度）、浓度梯度、硬度梯度（抗侵蚀能力）等的明显存在，产生了在侵蚀速率、污染程度、坡面形态变化等的过渡区，它们在生态环境的系统稳定性上，显然是脆弱的。

8. 板块接触带

各大板块互相联结的空间域，形成了表现脆弱特征十分明显的各类地质地貌状况。

此外，只要具备上述特征的空间域，均可划归为生态环境脆弱带。但是，必须明确：生态环境脆弱带本身，并不等同于生态环境质量最差的地区，也不等同于自然生产力最低的地区，只是在生态环境的改变速率上，在抵抗外部干扰的能力上，在生态系统的稳定性上，在相应于全球变化的敏感性上，包括在资源竞争、空间竞争的程度上，表现出可以明确表达的脆弱。

（三）生态交错（ECOTONES）的脆弱度指标F

在上述原则下，我们提到了生态环境脆弱度指标F，F为介于0～1之间的数值谱。当F=1，公用信息量完全等值于两个生态系统的联合信息量，二者完全“亲和”，处于在讨论范围中的脆弱度上限。

仅仅提出脆弱度指标F，似乎仍然不能把ECOTONE的动态变化，诸如空间占有程度，交界带边缘移动速率，交界带边界移动方向等，同时纳入到全面的考虑之中。为了克服这样的弱点，这里做出一项基本假定：在单位时间内，ECOTONE交界带边缘的绝对移动距离为d，此时，所考虑的ECOTONE脆弱程度，除了与脆弱度指标F有关外，还应与“交界带”的动态行为耦合起来，从而做出更加深入的表达。

应用对生态环境脆弱带的基础排定，将可以对我国实行生态环境脆弱带的空间划分及脆弱度分级，它不仅有利于对生态学基本理论的深入认识，亦将对国土整治及自然改造提出明确的宏观决策。

第二节　生态经济学理论

一、生态经济学与生态经济系统

所谓生态经济学是研究社会再生产过程中，经济系统与生态系统之间物质循环、能量转化和价值增殖规律及其应用的科学。研究运用生产关系规律、生产力规律以及两者相互关系的规律，研究社会再生产过程与自然界，主要是生态系统之间相互关系的规律及其应用。

生态经济系统是由生态系统和经济系统通过技术中介以及人类劳动过程所构成的物质循环、能量转化、价值增殖和信息传递的结构单元。生态系统与经济系统不能自动耦合，必须在人的劳动过程中通过技术中介才能相互耦合为整体。劳动过程，这里排除了其他一切特殊形态，即脑力和体力劳动以及各种具体劳动，从而形成价值及其增殖过程。但这一过程必须借助各种形态的技术作为中介环节才能实现。如果排除了三者的各种具体的关系，在生态、经济、技术要素之间只存在物质、能量、价值及其外化形态——信息的输入和输出关系。所以，生态经济学的最终目标是把物质、能量、价值和信息（包括精神产品）相互协调为一个投入产出的有机整体[①]。

二、生态经济系统的基本理论

生态经济系统是生态经济科学的灵魂，弄清其一般原理和范畴，就等于打开了这一学科的大门。

（一）生态经济系统的特性及其演替

1.生态经济系统的特性

（1）概念系统与实体系统的融合性概念

系统是指无形要素（软要素）所构成的系统，如概念、原理、法则、方法、体系、程序等，经济系统就属于这一系统。实体系统（有形系统）是指由物质、能量等有形要素构成的系统，如矿物、能源、生物群落等，生态系统就属于这一类。

生态系统是通过能流、物流的转化、循环、增殖和积累过程与经济系统的价值、价格、利率、交换等软要素融合在一起的概念——实体复合系统。当然，从生态系统与生产力相互作用上看，经济系统本身也是概念——实体复合系统。同时，生态经济系统的实体特征又使它具有客观实体特征。这一客观实体又是开放系统，它与周围的更大自然与社会环境有着物质、能量、价值与信息输入输出关系，这是控制其稳定、协调发展的依据。

（2）生态经济系统的协调有序性

生态经济系统的有序性，实质上是生态系统有序性与经济系统有序性的融合。首先，生态系统有序性是生态经济系统有序性的基础。经济系统也遵循经济有序运动规律性，不断地同生态系统进行物质、能量、信息等交换活动，以维持一定水平的社会经济系统的有序稳定性。其次，这两个基本层次有序性必须相互协调，并共同融合为统一的生态经济系统有序性。由于生态系统和经济系统为使系统趋于稳态，相互之间

①赵成美.生态经济学理论研究的挑战与取向[D].济南：山东师范大学,2012.

不断交换其物质、能量和信息，各要素相互交换过程中的协同作用，不仅使得两大系统协调耦合起来，而且使耦合起来的复合系统有了生态经济新的有序特征。

生态经济系统协调有序性，还表现为生态系统的自然生长与经济目标的人工导向协调。这里的问题在于人工导向的作用力一定要和生态系统相协调，而不能超越生态经济阈的限度，不然，人工导向不仅不能引起生态经济系统协调有序性的发展，而且很容易导致系统的逆向演替。

（3）生态系统与经济系统的双向耦合

生态经济系统中的生态循环与经济循环，都离不开生产过程这个耦合环节，然而，一旦经济产品产出，生态循环与经济循环便分道扬镳，直至下次生产中的再次耦合。二者耦合过程，也即相互作用、相互交换以改变自身原有的形态和结构共同耦合为一体的过程。

经济系统把物质、能量、信息输入生态系统后，改变了生态系统各要素量的比例关系，使生态系统发生新的变化；同时，经济系统利用生态系统的新变化从其中吸取对自己非平衡结构有用的东西，来维持系统正常的循环运动，一方面生态自然物质、能量效益提高，另一方面经济过热的增长速度趋于稳定，从两个方向使二者达到协调目标。

2.生态经济系统的动态演替性

生态经济系统演替是社会经济系统演替与自然生态系统演替的统一，它突出表现为社会经济主导下的急速多变的演替过程。

生态经济系统演替不仅与一定的历史发展阶段相联系，而且还与同一历史阶段经济发展的不同时期以及同一时期的不同经济活动相联系。从生态经济结构进展演替次序看，大致经历了原始型的生态经济结构、掠夺型的生态经济结构和协调型的生态经济结构三大阶段。

（1）原始型生态经济系统演替

原始型的生态经济系统演替是生产力发展水平极低条件下的产物。它主要存在于自然经济和半自然经济条件下的农业和以生物产品为原料的家庭手工业中。在此种社会经济条件下，经济系统与生态系统只能形成比较简单的生态经济结构。

（2）掠夺型的生态经济系统演替

掠夺型的生态经济系统演替主要表现在以化石能源利用为主的发展阶段。它是指经济系统通过技术手段，以掠夺的方式同生态系统进行结合的一种演替方式。掠夺型的生态经济系统的演替特点是：①具有经济主导的特征，生态基础要素的定向演替要靠经济、技术要素的变动来实现；②使生态资源产生耗竭的趋势；③由于严重的环境污染，使环境质量快速消耗。

掠夺型的生态经济系统演替，是具有脱离生态规律约束倾向的经济增长性的演替。这种演替虽然在一定时期内能使经济迅速增长，但由于这种增长是以破坏资源和环境为代价的，所以，当环境和资源损伤到一定程度出现严重衰退时，便会成为制约经济增长的严重障碍。

（3）协调型的生态经济演替

协调型的生态经济系统演替主要发生在生态文化反思的发展阶段。它是指经济系统通过科技手段与生态系统结合成物能高效、高产、低耗、优质、多品种输出，多层次互相协同进化发展的生态经济系统的演替方式，也就是经济社会持续发展阶段的生态经济特征。

互补互促的要素协调关系协调型的生态经济系统演替特点，表现为经济系统与生态系统各要素是互补互促的协调关系，单一的生态系统因其营养再循环复合效率、生产率和生物产量都较低，人们为了满足需要，便运用经济力量来干预生态系统中营养循环和维持平衡的机制，以获得高转化率和高产量。这种干预引起生态系统向更加有序的结构演化，从而生产出比自然状态循环多得多的物质产品。较多的物质产品输入社会经济系统后，又会引起经济有序关系的一系列变化。

高输入高输出的投入产出关系演替必然包含一部分对维持现状多余的物质和能量，这部分物质和能量一是系统自身产物。二是自然经济和

社会环境的投入；协调型演替正在于利用这些多余的物质和能量，在技术手段的作用下，使原来有序的生态经济结构关系发生新的变化，从而产生更加有序的结构演替变化。三是协调型生态经济系统演替具有不危及生态环境的特征；经济系统与生态系统的关系不总是协调的，特别是经济迅速发展时期，常常出现经济系统与生态系统相矛盾的现象，协调型的演替正在于能够找出恰当的方法解决二者之间的矛盾。

3.生态经济系统的分类

地球上最大的生态经济系统是生态经济圈。依据不同的经济特征，可以把它分为农村生态经济系统、城市生态经济系统、城郊生态经济系统和领域生态经济系统四大类。

（1）农村生态经济系统

我国农村人口占全国总人口的80%以上，耕地1亿～1.4亿公顷，农业在整个国民经济中具有十分重要的基础地位和作用。随着农村经济的发展，农村生态经济也在日益向多样化方向发展，农村生态经济系统大致分为以下几种类型：①农业（种植业）生态经济系统。这是属于第一性生产的系统，它的最主要特点是利用绿色农作物的光合作用，将太阳能转化为化学潜能和将无机物质转化为有机物。农业（种植业）生态经济系统，是农村生态经济的基础，其他各种不同形态的农村生态经济系统都要在这个基础上才能建立起来。②林业生态经济系统。这是指以经营木本植物为主的林业生产系统，它可分为自然森林生态经济系统和人工营林生态经济系统两大类。林业生态经济系统在农村生态经济系统中地位十分重要，对于保障农业生产和为畜牧业提供条件，对于保持水土、涵养水源、调节气候、有利水分和其气态循环，在充分利用光能生产林产品等方面，都具有独特的不可替代的作用，是衡量该国生态环境的主要标准之一。③牧业生态经济系统。指以牧草和农、林等植物产品为基础的再转化二级生产系统。④渔业生态经济系统。指以水生生物生产为主的生态经济系统，包括海洋渔业生态经济系统和内陆水域生态经济系统两大类。⑤农村工业生态经济系统。随着农村经济的发展，农村工业生产已逐步成为农村生态经济系统的一个重要组成部分。在农村生态经济类型划分中，把它单独作为一个类型是有重要意义的。这不仅便于从总体上协调和处理它与农村生态经济系统的关系，而且对加速发展农村经济和搞好环境保护也具有重要的作用。⑥农村庭院生态经济系统。据统计，农村庭院占地约667万公顷，随着农村经济的发展，农村庭院也由自给型的自留经济向商品经济、集约经营和多样化经营发展，经历了由庭院生态系统向生态经济系统发展的过程。1978年以来，土地规模有扩大趋势，经营品种既有多样化，又有专业化趋势。有的已不再是"补充"，而成为家庭收入来源的支柱；还有的在庭院内办工厂(场)、建旅馆和商店，向第二和第三产业发展。

（2）城市生态经济系统

城市是一个典型的经济——生态有机系统，在这个系统中还可以分为三个级别的亚系统，即工业经济生产系统、高密度的人口消费系统、维护城市生态平衡的分解还原系统。这三大亚系统有着内在的特殊有机联系，经济生产系统是城市存在的经济基础，也是城市人口生存的物质条件；经济生产与人口生存不可避免地排泄废弃物，这又是还原系统存在的前提；反过来，城市人口高密度集中，如果没有人口和人口集聚，也就不会有生态分解还原系统，城市就可能毁于垃圾、污水和臭气之中。因此，城市工业经济生产系统、高密度人口消费系统和城市生态分解还原系统三者相互作用、相互联系构成了一个不可分割的统一的城市生态经济系统。

（3）城郊生态经济系统

这是既区别于城市又不同于农村的一种特殊生态经济类型，它的最大特征就是以城市为主要服务对象建立起来的农村生态经济系统。为城市服务，不仅包括通过商品交换为城市提供蔬菜、食品等生活消费品的内容，更重要的还包括非商品交换所接纳和处理城市排放的废弃物的内

容。因此，有城市就必须有城郊，有多大规模的城市就必须有相适应面积的城郊与之配合。随着城市化迅速扩展和城市“三废”污染的加剧，城郊生态经济系统也日益显示着越来越大的作用。

（4）流域生态经济系统

流域生态经济系统视研究的范围而定，小的系统可指小流域，这种比较简单的生态经济系统，流域内既可以是单一的某种生态经济系统，或者是包括农、林、牧、渔等几种经济生产内容的农村生态经济系统；大的系统可以是在很大范围内既包括农村经济生产，又包括城市和城郊经济生产的综合性生态经济系统。如珠江三角洲流域、长江流域、黄河流域。流域，在这里一般是指地域或区域而言。研究流域生态经济系统，可以为国土整治和制定经济总体发展规划提供理论依据。

（二）生态经济亚系统地位及其耦合

1.生态经济亚系统的地位

（1）生态系统

生态系统是生态经济系统的基础生态系统是任何类型的生态经济系统结构的基础，这主要表现在生态经济系统进行生产和再生产所需要的物质和能量，无一不是直接或间接来源于生态系统。农业生态经济系统的生产离不开空气、土壤、水和无机盐，这些都直接取之于生态系统，而其他原料及能源、设备等，也都是由生态系统中的物质转化而来的。作为一切生态经济系统的主体的人，其生产和再生产也同样离不开生态系统。生态系统是生态经济系统赖以存在和发展的基础。

（2）经济系统

经济系统是生态经济系统的主体经济系统在生态经济系统中具有主体结构的地位，这主要表现在经济系统的主导作用。人作为经济活动的主体，通过各种形式的调节控制，使得经济系统的再生产过程成为一种具有一定目的的社会活动，并通过技术系统的中介去影响和改造生态系统，强化或者改变生态系统的结构和功能，使之为自己的目的服务。当然，经济系统这种主体结构是有条件的、相对的，作为基础结构的生态系统并非完全被动地接受经济系统所施加的影响，它会在内部机制的作用下对这种影响做出反应，并通过一定的形式反馈给经济系统。经济系统必须根据生态系统反馈的信息，调整对生态系统施加影响的程度和方式，否则就有可能破坏生态系统基础结构。基础结构一旦遭到破坏，经济系统的主导作用也就随之丧失。关于经济系统与生态系统之间的关系以及二者之间的作用机制、功能过程等，我们将在后面的有关章节进行详细的阐述。

（3）技术系统

技术系统是生态经济系统的中介技术是人类利用、开发和改造自然物的物质手段、精神手段和信息手段的总和。在生态经济系统中，技术是联系经济系统与生态系统并使二者融为一体的媒介。例如，生态系统中矿物质输入经济系统并转化为电能或其他经济产品，是通过勘探技术、采掘技术、冶炼技术等实现；生态系统中的空气、水、无机元素等进入经济系统合成化学肥料，化肥又从经济系统输入生态系统（土壤）并进而转化为植物有机体，是通过化肥生产技术、施肥技术、耕作技术等来实现。总之，凡是生态系统与经济系统相互交织和物质能量的循环转化过程，都有技术的中介作用。在一定程度上可以说，没有技术这个中介环节，也就没有生态经济系统。

2.生态经济系统的内在联系

（1）社会生产力的发展促进了生态经济关系

现代科学技术的发展使生态系统、经济系统之间的关系日益紧密，形成地球生态经济圈形成就有客观必然性。随着社会生产力的发展，人类智力的升华，社会进行一次大分工——农牧业分工，以及第二次大分工——农业与手工业分工，社会生产力迅速发展，科学技术水平也日益提高，人类对自然生态系统的作用随之也一天天增大。

通过水及大气资源的开发利用，构成了生态经济大循环据统计，现在全世界工农业生产和生活每年用水总量约3000亿吨，一些工业发达的国家，工业用水一般要占总用水量的三分之一至二分之一。生态系统的水循环增加了诸如工厂水循环、农田循环和生活用水等许多人工循环环节，然后以废水形式携带大量有毒物质重新回到江河湖海之中，造成严重的水体污染。现在，空气污染也十分严重，每年全世界要燃烧几十亿吨燃料，大气中二氧化碳增加10%以上，大气中的粉尘量也增加了约50%。

社会财富的增加使生态系统与经济系统之间的矛盾加剧随着人类生产规模和范围的扩大，一方面社会财富成倍增加，但另一方面也出现了再生资源和非再生资源迅速减少以及环境中有毒物质的增加。生产发展和经济繁荣，极大地提高了人民物质文化生活，而资源减少和生态环境的破坏，反过来不仅影响着人民的健康和潜藏着对人类生存的威胁，而且对经济发展已形成新的制约。在由于对生态环境破坏所引起的灾难的反思中，人们越来越认识到人类经济系统与生态系统不可分离关系的客观性和必然性。

（2）生态经济系统的内在关系

人类经济活动与自然生态系统的关系是生态经济系统结构的最基本关系。人类为了满足自己的需要，就要不断地同自然进行物质交换，另外在同自然界进行物质交换时，又把人类社会的一些有用经济物质或一些废弃物给予自然界。人类活动对自然的影响正是通过这两种基本作用，在自然生态系统中深深打上自己活动、干预的印记，并彻底改变生态系统的纯自然性质。

以人类活动对自然的影响结果看，分为两种基本类型：一是适度利用改造型，就是说人类对自然的影响一直保持在维持生态平衡的限度内，无论人类是生存利用、享受需求，还是创新发展，都不损害生态平衡这个根本，几千年农业延续不衰，就是属于这种类型。二是破坏性改造型，这主要是人类对自然界的作用超出了生态系统的耐受度或生态阈值而发生系统失衡或瓦解的情况。如森林过度采伐或乱垦山林，可引起整个生态系统失调；矿物不合理开采，可引起资源迅速枯竭；废弃物大量排入环境，可引起生态系统污染性破坏。

人类活动主体与人类活动采用的技术手段的关系是生态经济系统总体结构关系中重要组成部分，没有人与技术手段的关系，也就不可能产生人工生态系统和生态经济系统。

技术手段是人的创造物，是人类劳动的结晶。由木棒、石斧、骨针到简单的金属工具，再到蒸汽机械、电子机械等都是人类主动创造的产物。技术手段对人类活动也具有限制的作用。原始的技术手段不可能产生近代人类工业化生产活动，近代机器技术手段，也不可能产生现代人类踏上月球的活动。技术手段对人类活动的限制，推动了人类对工具的一次次改进，然而工具改进的程度又要受到人的能力的限制。人类活动与技术手段的辩证统一关系，正是上述矛盾不断解决过程中形成的。

人类经济活动中技术生态关系一切技术要素——物质技术、非物质技术，要么附着在人的劳动过程中，要么就存储在人的大脑（智力）和体力中，要么作为传导手段，被人掌握。所以，尽管技术有社会性的一面，但对于人类活动来说，毕竟是客体而不是主体，但其社会性又体现出主体与客体关系。技术手段就其本质而言，是人们劳动的产物，它体现了人们的社会劳动；技术手段就其物质内容而言，还具有自然的属性。如铁制工具，既体现社会劳动，又包含着铁的自然性质。因此，从某种程度上讲，任何一种技术手段本身，又体现着一定的主体与客体的具体化关系。

技术手段对客体的作用主要是从两个方面进行的：技术手段在与自然生态系统客体的作用过程中，其自然性方面与生态系统生产力相互结合，从质和量两方面都大大加强了原来系统的自然力；技术手段的劳动社会性方面，则在作用过程中力图把自然力强化趋势引向人类采用技术

手段达到一定目的的方面。生态系统对技术手段也有很强的限制作用。一定生态系统的规模和特殊自然规律性，必然要求与之相适应的技术手段；同一个生态系统不同发展水平以及同一水平不同的发展时期，都要求不同性质的技术手段与之相适应；同一个生态系统在特定的时间内，由于系统内在的变化，同样也要求一定的技术手段与之相适应。生态系统对技术手段的限制作用，主要表现在其对技术手段的选择性，即技术手段对生态系统作用的自然性能。如应用于水田生态系统的技术手段，不适用于旱田生态系统；农田生态系统技术手段，不适用于水域生态系统。

（3）生态经济圈的时序结构随着四次产业革命，科学技术高度发达的同时，才进入了地球经济圈的时代。随着若干发达国家先后进入后工业化时代，生态破坏，环境污染日益突出，生态经济发展呼声高涨，生态经济时代开始了，地球生物圈内融进了生态经济圈。

生态系统负反馈机制生态系统内存在着一个负反馈机制，调节着系统中种群生物量的增减（个体数），使之维持动态平衡。

经济系统的反馈机制，表现为经济要素和经济系统目标之间的反馈关系。经济系统的特点是受到人口增长和生活质量提高的影响，经济需求只能不断地得到满足，促使经济目标向正反馈方向移升，因而其本质是一个正反馈过程。

3.生态系统与经济系统的耦合

能否实现生态经济持续发展目标的关键在于能否使生态系统反馈机制与社会经济系统反馈机制相互耦合为一个机制，这一过程实质上是经济系统对生态系统的反馈过程。

一个良性循环的生态经济系统，其生态系统和经济系统必然是互为因果关系，也就是实现生态、经济、技术耦合。如果单纯追求暂时的经济利益，而选择一种掠夺式的技术和经济手段，这样的耦合虽然符合经济机制，却不符合生态机制，因为无益于生态生产力持续稳定增长，无益于生态资源的更新，必然出现环境污染、资源枯竭等所谓生态危机。这样的耦合，实际上是暂时的耦合，因其两者的因果关系是暂时的、不稳定的。还有一种情况，经济系统使用的技术、经济手段根本与生态系统反馈机制的要求无关，这不仅不能使生态生产力持续稳定增长，就连暂时性的增长都不可能。假如，一块农田缺少钾肥，而我们却施磷肥或氮肥，或干脆不施任何肥料而喷洒农药。这种技术调节并没有使两者耦合，而是使两个反馈机制发生偏离，最终破坏生态系统反馈机制，使其功能紊乱，导致生产能力下降。这种非因果关系的耦合，对生态系统破坏力很大。

在现代社会再生产中，经济系统对生态系统反馈的直接手段是技术系统。在反馈过程中，往往要动员整个技术系统，但在不同的阶段要有先有后、有主有次地分别施用不同的技术手段。但无论使用何种技术，都必须符合生态系统反馈机制的客观要求。例如修建水库是工程技术，但同时要求植树造林等生物措施配合。

经济系统对生态系统的间接反馈手段，是各种生态经济措施及政策、方针、计划、法令等，它们也构成一个相互耦合的体系。例如，价格看来是与生态经济没有直接关系，但提高价格可以刺激生产者的积极性，从而加强某项产品的生产，不断改进技术，扩大从生态系统获取某种资源的生产规模，如果这个规模是在生态反馈机制限度以内，生产可持续得到某种资源的最大持续生产量；如果超过生态系统反馈机制的限度，就要调整价格，减少生产量。实际上，提高价格是某种资源生产量的正反馈，但对于生态系统来说却是负反馈（使系统内某种资源减少）；然后降价对于经济系统来说是负反馈，对生态系统是正反馈（给某种资源以再生更新的机会）。

总之，社会的技术、经济等手段在控制、调节生态系统生产力的反馈过程中，应当是耦合为一个整体，以便发挥整体反馈效应。

第三节　系统科学与系统工程学理论

一、系统与系统论

（一）系统

系统是由两个或两个以上的相互联系、相互依赖、相互制约、相互作用的元素（事物或过程）组成的，具有某种特定功能、朝着某个特定目标运动发展的有机整体（集合）。这个定义中包含五个要点：①由两个或两个以上元素组成，单个元素构不成系统；②各元素之间相互联系、相互依赖、相互制约、相互作用；③各元素协同动作，使系统作为一个整体而具有各组成元素单独存在时所没有的某种特定功能；④系统是运动和发展变化的，是动态的发展过程；⑤系统的运动有明确的特定目标。

（二）系统论的基本原则

用系统思想或系统方法去研究某一特定系统，必须遵循以下基本原则。

1.系统的整体性原则

系统论的一个基本原则是整体大于部分之和。要素一旦被有机地组织起来，就不再作为单个要素而存在，系统获得新的功能来源于新质。要素变成系统，系统就有了新的品种。系统获得新质的秘密是在于结构的有机性。例如，在农林业作物栽培施肥中的正交设计，有正交互、零交互、负交互，也是这个意思。

整体性原则既不同于还原论的把整体还原为各部分，以部分的认识取代整体的认识；整体性原则也不同于整体论的离开各个组成部分去谈整体，这一原则始终从整体出发，以整体为准绳、为归宿。把对象放在整体中考察，要看到系统的整体性质与规律只存在于组成它的要素的相互联系和相互作用之中，并从这种相互关系中把握其整体构成及其规律①。

2.系统的相关性原则

研究任何系统都要研究其要素与要素、要素与系统、系统与环境之间相互关系。从关系的内容上、性质上和复杂性上正确地把握相互关系。

相关性原则首先体现在系统要素间不可分割的联系。在系统整体中，各要素也不是孤立存在的，它们由系统的结构联结在一起，互相影响、互相依存，就像人体各部分器官之间的关系一样，是互相联系的，人的神经不好，就会连带影响消化、心脏等系统。

相关性还体现在系统整体发生改变，系统要素也必然发生变化。同样，相关性也在系统与环境的关系方面体现出来。破坏森林，影响环境，环境恶化，近而也影响森林的再建，这就是系统创造自己的环境，环境又规定着自己的系统。

3.系统的自组织性原则与动态性原则

系统具有能够自动调节自身的组织、活动的特性，就构成了系统论的自组织性原则。所谓组织，是指系统不是根据外部的指命，而是根据系统内部各要素之间的相互作用而自发地形成有序结构的现象，但是自组织现象只有在开放系统，即系统与环境不断进行信息、能量、物质的交换中，才能发生。所以，自组织实际上是系统与环境相互作用的结果。系统的自组织性原则来源于两方面。一方面是有机性，生物体最明显。另一方面，生物体在自身内部保持的恒定状态又是一种能量和物质的动态平衡状态，可以说是一种待机而动的状态，它依靠反馈功能，即通过系统对环境发生作用的结果，会反馈到生物体本身，调节自身的结构和功能，以保持和环境的一致和系统的稳定。

---

①陈旭. 现代林业生态园总体规划研究[D]. 合肥:安徽农业大学,2018.

由于系统具有自组织性，它对于环境的作用不是被动地接受，而是通过内部活动来不断调整内部组织，以协调与环境的关系。因此系统不可能保持静态，系统是处于动态之中的，因此就形成了系统的动态性原则。动态性原则是自组织性原则的另一面。系统与环境，或者说是要素与系统之间动态关系有一定规律，这就是系统参量。它给系统（或要素）一定的作用，如果使系统参量发生变化，就会导致一定的结果，所以要掌握系统参量及其变化规律。

4.系统的目的性原则

所谓系统的目的性是指系统活动最终趋向于有序性和稳态，即要达到的结果或意愿。系统活动的方向性、目的性是系统的自组织性的结果，不是指系统带有自觉目的，而是具有自组织调节能力，通过反馈，适应环境，保持稳态，这样就呈现某种目的性。系统的目的性使各类型系统活动表现为异因同果，殊途同归。如植物的同化和异化作用、动物的新陈代谢作用。至于说到人类活动，它的目的性又不同于动植物，它可以根据现实环境，创造性设计未来。带有明确的自觉性、超前性，因此社会系统带有最高水平的目的性。掌握这个原则可以通过系统的组织等级，使自组织能力加强来实现系统的目的。同时系统的目的性可以用开放系统、反馈、信息等概念，用数学和数理逻辑的形式进行描述。

5.系统的优化原则

通过系统的自组织、自调节活动，使系统在一定环境下达到最佳的结构，发挥最好的功能。优化原则又是和目的性原则联系在一起的，人类能够自觉地进行系统优化，而自然系统的优化是不自觉的，是通过自然选择。优化技术也是系统工程十分重要的内容，它是根据需要和可能，给系统定量地确定出最优目标，利用电子计算机等新技术手段进行运算，确定系统内不同层次等级的要求和设计目标，使部分功能和目标服从总体的目标，以达到总体功能最佳的目的。

此外，还有系统转化原则、系统综合原则、层次性原则等，分别从不同角度进一步阐述系统思想与系统方法。

总之，系统论按照事物本身的系统性，把对象放在系统方式中加以考察。它从全局出发，着重整体与部分，在整体与外部环境的相互联系、相互制约作用中，综合地、精确地考察对象，在定性指导下，用定量来处理它们之间的关系，以达到优化处理的目的。所以系统论最显著的特点是整体性、综合性、最优化。

二、系统工程方法

（一）系统工程

系统工程是在系统思想指导下，用近代数学方法和工具来研究一般系统的分析、规划、开发、设计、组织、管理、调整、控制、评价等问题，使系统整体最佳地实现预期目标的一门管理工程技术。这个定义反映了七个方面的内容：①系统工程的研究对象是系统；②以系统思想为指导；③解决一般系统从规划、研究、设计、建造和运行的整个过程中的管理工程技术问题，具体来说，包括对系统的分析、规划、开发、设计、组织、管理、调整、控制、评价等；④系统工程是一门管理工程技术；⑤用近代数学方法来进行研究，如运筹学、控制论、信息论、突变论、耗散结构论、协同论、模糊数学、灰色系统理论、概率论与数理统计等；⑥运用近代计算工具——电子计算机来进行运算和处理信息；⑦以使系统整体最佳地实现预期目标。

（二）系统工程的基本工作程序

系统工程工作程序又称为系统工程方法论，是系统工程研究的另一个重要方面。方法论与方法不同，它是解决问题的辩证形式和过程，又是解决问题的辩证程序的整体。通过这样的程序，把解决问题的观念（即指导思想）和解决问题的手段（理论、方法、工具）联系起来，以指导问题的解决。

美国贝尔电话公司的工程师霍尔于1969年提出了系统工程三维结构，这是为解决规模巨大的大系统提供了一个统一的思想方法。其中时间维表明了系统工程的全过程分为规划、拟订方案、系统研制、生产、安装、运行和更新七个阶段；逻辑维指明了完成每个阶段工作的步骤，包括摆明问题、目标设计、系统综合、系统分析、系统优化、系统决策和实施；知识维是指完成上述整个阶段和步骤所必需的各种专业知识，如运筹学、控制论工程技术、计算机科学以及有关专业科学知识。

将七个逻辑步骤和七个工作阶段归纳在一起列成表格，称为系统工程活动矩阵。

活动矩阵中所列的各项活动是相互影响、紧密联系的，甚至有些步骤需要反复地进行。一项大的林业工程，如林业区域发展规划，林区总体设计、造林绿化工程等，运用系统工程制定规划和决策首先从时间上划分以下七个工作阶段（时间段）：①规划阶段首先要定义系统的概念，明确系统的必要性，确定系统的目标，提出系统的环境条件、约束条件，规定系统的建成期限和投资标准，制订系统开发的计划，提出一个总体的设想和构思。②拟订方案提出系统概略设计和各种可能的备选方案，然后进行系统分析，确定系统设计方案，并进行详细设计。③系统研究对系统中关键项目进行试验和试制，拟订生产计划。④生产阶段制定各项技术操作规程（细则），提出系统实施计划。⑤安装阶段将系统进行安装、调试和运行。如在森林资源清查后建立森林资源信息管理系统，进行调试和运行。⑥运行阶段使系统正常运转，产生效益。如一个良好的森林资源管理系统应当使森林资源连续清查—连续经营—连续管理结合起来，发挥森林资源的各种效益和作用。⑦更新阶段改进旧系统或代之以新系统，使它们有效地工作。

在以上每一工作阶段中，采用系统工程思维程序，在解题过程中经历七个逻辑步骤。

（1）摆明问题

通过全面、系统的调查，掌握所要解决问题的历史、现状和发展趋势。以问题为导向，根据系统定义所描述的问题，弄清问题的范围和结构，问题产生的来龙去脉，最后达到明确面临的问题是什么，解决问题的目的是什么、任务是什么。与此同时对收集的资料、数据要齐全、准确、可靠。过去在林业调查时，只注重纵向调查，即森林资源本身的调查，而忽略在横向上与社会、经济、生态相联系的调查，停留在“就林论林”地考察问题，显然这是不够的。

（2）指标设计

通过调查首先要对已有的系统进行评价，因而确定评价指标体系是十分重要的，尤其是要用新的价值观念来评价。如森林资源评价系统、立地评价系统、经济效益评价系统与生态效益评价系统等。精心选择和确定评价系统功能的具体指标，然后提出各项目标和目标必要性和可行性的论证。目标一旦确定，就成为动员全体成员为之奋斗的纲领。

（3）系统综合

根据已经确定的目标，通过综合运用各方面的知识、经验和技术，充分发挥组织起来的人和扩大了的人工智能，开发出一组能够实现系统目标的备选方案。这里多目标、多途径、多方案对于实现林业目标有很重要的意义。因而它克服了过去规划设计中单目标、单方案的不足，而有可能做到坏中求好，比较中求优。

（4）系统分析

对各个方案通过构造系统模型模拟，对各备选方案从定性到定量，甚至到定位，进行分析比较，最后通过综合—分析—综合，对方案进行精选。在当代科学技术发展的条件下，我们完全有可能通过运筹学和各种系统方法，利用电子计算机对各个方案进行模拟和分析，从而对方案进行科学的抉择。

（5）系统优化

通过综合与分析，评价与比较，以及通过精心选择参数和系数，使之接近或达到系统的目标，这时可以对不同参数下出现的各种方案，按照环境条件和实施目标进行优劣排序，以确定实施方案的可能性和所能达到最佳的程度。

（6）系统决策

系统工程设计人员的任务是向领导提供多种可供选择的优化方案，最后由领导者根据经验、方针政策，吸收专家、群众的意见，从更广泛全面的角度决定某一方案，并付诸实施。在设计和决策过程中，领导者与设计人员经常沟通思想是设计取得成功的重要因素，这样的决策才是科学的。

（7）实施

规划就是决策，决策一旦确定就要付诸实施，根据选定的方案去实施，如果在实施过程中发现问题，可以根据情况确定，是否回到第一步或其中的某一步，重新进行分析。

为了完成上述各个阶段各个步骤的任务，需要各种专业知识和技术的配合，这就构成了霍尔三维结构图中的知识维，也有人主张称为专业维，说明各项系统工程除有某些共性的知识要求外，还要使用各种专业知识。

（三）系统工程解题的过程

解题的过程包括系统设计和系统管理两大部分。系统设计是狭义的解决问题的过程，是设计的解决问题方案的工作本身，按照辩证逻辑的工作过程，依靠若干具体方法技术，除运筹学和电子计算技术外，还包括其他的系统方法与技术、信息获取技术和预测技术、制定目标的技术方法、系统分析方法、评价决策技术等。

在解决问题过程中，一方面要依靠系统设计和系统设计的技术与方法，另一方面还需要对工程项目采取计划、监督、协调等管理措施，这部分工作就是工程的系统管理。它的任务是给参加工程项目的人员或小组分配任务、职权和责任，确定这些人员或小组在组织上的关系，组织决策过程，执行已采纳的决定。主要工作有：①工程项目管理的部署和调度，包括制订工程项目计划、组织工程项目的实施和进行工程项目的调度；②建立工程项目的组织机构；③建立工程项目的信息系统。实际上，系统设计和系统管理是系统方式解决问题的具体化，这两者是密切联系的。

由此可知，系统工程的思想、内容、步骤，有一个基本的处理问题的辩证逻辑程序，这个系统工程的基本处理方法就是根据系统的概念与系统的基本组成和性质，把对象作为系统进行充分了解，并对其进行分析，将分析的结果加以综合，与此同时，把它们作为系统而进行评价，使之有效地完成既定目标或目标体系。这种把对象作为一个系统来研究，把它建成合理而有效的系统予以实现，所运用的方法就是系统工程的基本处理方法。

第四节　可持续发展理论

一、可持续发展

所谓可持续发展，世界公认的定义可以归纳为：满足当代的发展需求，应以不损害、不掠夺后代的发展需求作为前提。它意味着，我们在空间上应遵守互利互补的原则，不能以邻为壑；在时间上应遵守理性分配的原则，不能在“赤字”状况下进行发展的运行；在伦理上应遵守“只有一个地球”“人与自然平衡”“平等发展权利”“互惠互济”“共建共享”等原则，承认世界各地“发展的多样性”，以体现高效和谐、循环再生、协调有序、运行平稳的良性状态。因此，可持续发展被明确地

处理为一种“正向的”“有益的”过程，并且可望在不同的空间尺度和不同的时间尺度，作为一种标准去诊断、去核查、去监测、去仲裁“自然社会经济”复合系统的“健康程度”。

决定可持续发展的水平，可由以下五个基本要素及其间的复杂关系去衡量。

1.资源的承载能力

通常它又被称为“基础支持系统”。这是一个国家或地区按人平均的资源数量和质量，以及它对于该空间内人口的基本生存和发展的支撑能力。如果可以满足（不光是这一代人，还要考虑以后的各代人，即要考虑资源的世代分配问题），则具备了持续发展条件；如不能满足，应依靠科技进步挖掘替代资源，务求“基础支持系统”保持在区域人口需求的范围之中。

2.区域的生产能力

通常也被称为“动力支持系统”或“福利支持系统”。这是一个国家或地区在资源、人力、技术和资本的总体水平上，可以转化为产品和服务的能力。可持续发展要求此种生产能力在不危及其他子系统的前提下，应当与人的需求同步增长。

3.环境的缓冲能力

通常也被称为“容量支持系统”。人对区域的开发，人对资源的利用，人对生产的发展，人对废物的处理等，均应维持在环境的允许容量之内，否则，可持续发展将不可能继续[①]。

4.进程的稳定能力

通常也被称为“过程支持系统”。在整个发展的轨迹上，不希望出现由于自然波动（特大自然灾害与不可抗拒的外力干扰）和经济社会波动（由于战争的干扰，由于重大决策失误所引起的不可挽回的损失等）所

①张旭．基于可持续发展理论的资源型城市人居环境综合评价研究[D]．大连：辽宁师范大学，2021．

带来的灾难性后果。这里有两条途径可以选择：其一，培植系统的抗干扰能力；其二，增加系统的弹性，一旦受到干扰后的恢复能力应当是强的，即有迅速的系统重建能力。

5.管理的调节能力

通常也被称为“智力支持系统”。它要求人的认识能力、人的行动能力、人的决策能力和人的调整能力，应适应总体发展水平。即人的智力开发和对于“自然—社会—经济”复合系统的驾驭能力，要适应可持续发展水平的需求。

在上述五个要素全部被满足之后，可以寻求对于一个国家或一个地区可持续发展能力的判断，同时我们也可以全面地比较不同国家或地区的可持续发展潜力，从而建立起衡量可持续发展水平的序列谱。

二、可持续发展评价及其原理

可持续发展已经变成未来的最优选择。而可持续发展的执行，必然落实到一个特定的空间，这就是通常所谓的区域，它们均表现为一个由自然系统、经济系统和社会系统紧密耦合的综合体。然而，可持续发展研究以及与其相关联的国土整治、区域开发、环境治理、资源分配、经济增长与自然改造等，无一例外地都要在“区域”这个舞台上，被充分地表现出来。

为了对于区域的可持续发展状况做出诊断，也为了对于区域的可持续发展战略做出仲裁，都必须把区域的可持续发展评价放在首位。此类评价，既与过去的区域评价、生态环境评价、经济发展评价有很多的共同之处，也与上述的评价理论与方法存在着许多不同之处。可以肯定，区域可持续发展评价的着眼点，首先在于它是两种功能的有机结合：从纵的方面讲，即从过程的角度出发，可持续发展评价强调资源的世代分配、强调过程的顺畅运行、强调社会发展的稳定健康、强调人类在发展上的伦理道德与责任感；从横的方面讲，即从区域系统的瞬态场景出发，可持续发展强调结构的均衡、强调生产链的协调、强调供需关系的

平衡、强调社会管理的有序。学者们倾向认为，唯有从纵的和横的交叉认识上，才可能把区域的可持续发展评价和规划做出有水平的内涵提示。从这里可以认识到，区域可持续发展评价与规划，事实上是一种战略性的、根本性的、指导性的，也是带有风险性的管理行为。

（一）评价内容

区域的可持续发展评价，依据其现代内涵，可以大致地归纳为：

1.区域空间的准确划分

这里所谓的区域空间，特指在所研究的区域内，将自然区划、经济区划与管理区划综合在一起，制定出合理的持续发展区划。与此同时，该区划所涉及的各种要素的类型图和统计图，也要比较完整地予以标识。通过正确的取舍、筛选、迭合与归纳，去最终拟定区域的持续发展划分。与这些图件相配套的，要建立起自然信息系列、人文信息系列、生态环境信息系列、经济社会信息系列、历史过程信息系列、系统输入输出信息系列、内部关系紧密程度系列等，使上述的各种资料，变成实施正确决策和区域管理的财富。

2.区域可持续发展的战略目标

在区域空间正确划分的基础上，根据区域内（包括各类亚区）的资源、人口、生态环境、社会经济等的存在数、消耗数、满足度、可代替性、科技转化率等基本制约，再根据本区内的供需状况、人口素质、社会结构、开放程度等的动态演变，去审慎地确立该区（或各亚区）的持续发展战略目标。并在这个战略目标的实施方面，提供出较详细、较精确的行动步骤。特别要考虑在资源短缺、人口增加、生态环境胁迫以及诸多社会经济矛盾的情况下，如何协调区域内或区域间的功能，以求取区域的整体效益最优，达到和谐、互补与流畅的目的。

3.制定区域可持续发展评价的指标体系

在正规的区域持续发展评价中，一般需要三套指标体系，它们分别是：规划指标体系；执行指标体系；预警指标体系。规划指标体系主要根据资源的承载力、人口的净增长率、生态环境的缓冲力以及区域的生产力等，去寻求一个最适或最优的整体发展水平。为达到这一最优的发展水平，拟定出一整套临界阈值和相应的评判标准，即规划指标体系。在实施过程中，由于各类随机因子的干扰，尤其是小概率事件发生的不确定性，常常令规划出的持续发展能力遭到某种不可抗拒的损失。顺应此类变化与调整，执行指标体系是对于规划指标体系的调节与修正。所谓预警指标体系，是在区域的发展即将越出警戒状态，能超前地提供预先警告，以便有较多的时间去控制区域系统保持在正常的状态之下。

4.进行区域可持续发展潜力的评估

首先在区域原始的各类本底值的基础上，依据发展目标和实施步骤，权衡区域内与区域间的多重协调，加上科技进步而提供的生产能力，去全面地评估区域的可持续发展潜力。此类发展潜力，当然要在付出一定代价的条件下才能发挥出来。因此，它就要求去评定其中的利弊和优劣，总结出一个能够接受的方案。

5.对各类利益集团之间的协调与互补

在区域可持续发展评价中，经常要遭到各个不同利益集团之间的相斥要求。这种非一致的、有时互为对立的利益要求，时常将区域可持续发展的规划者与管理者陷于十分矛盾的两难境地。在实际工作中，既不能凭行政命令硬性地加以解决，也不能无节制地听之任之，最终损失区域的整体效益。这样，在区域持续发展的评价中，就要制定出所谓的“妥协”方案，在不损害区域整体效益的前提下，以协同进化、共享互补、损益有序及合理调控的原则去处理各类互为对立的利益要求。

6.区域内外重大自然改造工程的专门评估

其目的在于对这些具有长期生态环境影响的巨大工程，有一种清醒的和合理的认识。这些巨大的自然改造工程，一方面影响当代，一方面又是区域长期变化的发源地，尤其是对于区域的生态平衡和自然资源的重新分配有着不可忽视的作用，对此必须有足够的评价。联系到区域的

可持续发展，这些巨大的改造工程不可能不对现期、近期、中期、长期、超长期各个时段的发展施加有分量的影响，对此必须有明确的回答。

7.估计区域可持续发展的综合效益

在区域可持续发展的评价中，必须对整体效益和综合效益有比较确切的估计。这是衡量持续发展战略是否成功的基本评判。在一般的评价中，效益估算在三个层次上作同步的对比，即对于区域“实施战略前、实施战略中和实施战略后”（可理解为一个长时段后，如20年为一期或30年为一期）的经济效益、社会效益、生态效益和综合效益加以比较，以便认真考虑实施战略目标的有效程度。

8.进行区域细部的结构设计

进行区域持续发展评价的一个动机，就是要获得区域细部的结构设计。所谓结构设计，并不是通常意义上的区域规划，而是对于区域本身实施某种框架式的和骨骼式的格局规划。它将对于土地利用、资源配置、能流物流的流向与流速、骨干企业的空间排布、生态环境工程的配套设施、社会福利的同步演进、城市乡村和工矿道路的最佳区位等，进行在统一基础上和持续发展指导下的全局式考虑。

9.建立区域可持续发展管理的监控系统

在上述各项得以满足的前提下，区域持续发展评价最终要求建立一个高度智能的、有模拟预测能力的、能进行有效比较的监控系统。该系统的运行将能执行区域持续发展的实况跟踪、仿真模拟和方案比较，同时可以对已实施的规划进行鉴别、测试、评分，并能引入风险评价，以便决定规划的继续进行、适时中止、重新拟定等命令，从而为区域的管理者提供决策支持和咨询。

（二）评价原则

在区域可持续发展评价中，人们已经总结出七条基本的原则，作为区域可持续发展评价必须遵从的理论（也有人称之为“假性公理”，即有待进一步证明的公理)。这七项原则从系统的整体观、空间分布理论、时间过程规则与区域质量内涵等方面，为我们提供了在可持续发展中的全部注意事项，并且给出了共同遵守的基础。

1.区域系统的整体性原则

在区域系统的结构与功能的调整上，必须很好地体现出“整体大于部分之和”的基本要求。它意味着区域的持续发展要发挥出较好的整体效益，它成为区域系统调控与优化的基本依据。与此同时，它还应当很好地表达出“等级有序”观念和“自组织能力”的水平。

2.要素贡献的最小限制原则

由此出发去判定组成区域各要素对于系统整体效应的贡献率排序，同时根据这个排序去确定区域生产力与区域生产潜力的临界条件和阈值，进而去确定区域载荷能力与可持续发展能力。它是完成区域系统分析与系统优化的初始条件与边界条件，也是区域质量判定的基本依据。

3.系统在空间分布上的连续过渡原则

这是所有区域开发与评价时普遍遵从的一个基础原则。它是由地球本身的特征所决定的，即由地球的形状、大小和运行特性所决定的。这个常常被视作空间的“背景原则”或“隐性原则”，普遍地制约着空间分布的格局。由此去认识地理空间中的分界、地理空间中的充填以及地理空间中的网络，无一例外地要受制于此种连续过渡规律的客观存在。

4.区域相似性与差异性互补原则

在区域系统中，在所规定的等级水平上，“无限的”差异性与相似性，形成互为对立的一组事件。人们不可能找到完全相同的实体，同时亦不存在完全差异的实体。假定两种事件“完全相同”的概率为1，二者“绝对差异”的概率为0，则客观上的相似性比较，其真实概率总介于0与1之间，相似性越高，差异性越小，反之亦然。二者之和恒等于1。这种互补的、对应的概率特性，在其等级水平发生变换时，也会同

时有新的变动。该原则构成了一切区域比较、类型比较的分析基础。

5. 区域系统演进趋势的趋稳性原则

它特指区域系统的动态演化过程，具有某种自发趋稳的特性。只要外部输入中的“扰动”不超出在允许的阈值范围，则该稳定态在系统的自我调节下能得以保持。因此，系统的不稳态只是一种过渡的形式，它总是追寻自己的稳定态。

6. 区域过程的振荡节律原则

区域过程随时间的变化是一种动态的随机行为，但是该随机行为的进一步分解，常常是某种节律、某种周期的叠加体。这个原则保证了进行区域预测与模拟的现实性与可能性。

7. 要素功能的双向递减原则

任何一个作用于区域系统整体的要素，在某一点时若存在着某种最优值或最大（最小）值，离开这一点向上或向下、向左或向右、向前或向后这两个方向上，均表现出功能递减的特性。此原则的存在和应用，为力求系统整体优化提供了理论上的答案和现实中的可行性。

第五节 环境科学理论

一、环境及其特征

（一）环境的概念

环境，是指影响人类生存和发展的各种天然的和经过人工改造的自然因素的总体，包括大气、水、海洋、土地、矿藏、森林、草原、微生物、自然、人文、自然保护区、风景名胜区、城市和乡村等。这里指的是作用于人类这一客体的所有外界事物。对人类来说，所谓环境，就是人类生存的环境，是人类赖以生存和发展的各种因素的总和。

（二）环境的基本特性

环境的特性可以从不同的角度来认识和表述。如果从对人类社会生存发展的利弊角度来考察和研究环境，我们可以把它归纳为如下几点。

1.整体性和区域性

环境的整体性指的是环境的各个组成部分和要素之间构成了一个完整的系统，故又称系统性。这就是说，在不同的空间中，大气、水体、土壤、植被及人工生态系统等环境的组成部分之间，有着相互确定的数量与空间位置的排布及其相互关系。也就是说，环境是各组成部分之间以特定的方式联系在一起，形成了特定的变化规律，该结构在不同的时空将呈现出不同的状态。

整体性是环境的最基本特性。整体虽是由部分组成的，但整体的功能却不是各组成部分的功能之和，而是由组成整体的各部分之间通过一定的联系方式所形成的结构以及所呈现出的状态决定的。比如一般来说，气、水、土、生物和阳光是构成环境的五个主要部分，作为独立的环境要素，它们对人类社会的生存发展各有自己独特的作用。这些作用（功能）不会因时空的不同而不同。但是，由这五个部分所构成的某个具体环境，则会因这五个部分间的结构方式的不同而不同。但是，由这五个部分所构成的某个具体环境，则会因这五个部分的结构方式、组织程度、物质能量流的规模与途径的不同而有不同的具体特性。比如，城市环境和农村环境，水网地区的环境与干旱地区的环境，滨海地区的环境和内陆地区的环境等，分别具有不同的整体特性与功能。

环境的区域性指的是环境（整体）特性的区域差异，具体来说就是：不同（面积大小的不同或地理位置的不同）区域的环境有不同的整体特性。因此它与环境的整体性是同一环境特性在两个不同侧面上的表现。

环境的整体性与区域性使人类在不同的环境中采用了不同的生存方式和发展模式，并进而形成了不同的文化。

2.变动性和稳定性

环境的变动性是指在自然的和人类行为的共同作用下，环境得益于内部结构和外在状态始终处于不断变化之中。这一点是不难被理解和被接受的。实际上人类社会的发展史就是人类与自然界不断相互作用的历史，也就是环境的结构与状态不断变化的历史[①]。

与变动性相对应的是环境的稳定性，稳定性是相对而言的。所谓稳定性是指环境系统具有一定的自我调节能力的特性，也就是说，在人类社会行为作用下，环境结构与状态所发生的变化不超过一定的限度时，环境有自身的调节功能使结构和状态得以恢复。

变动性与稳定性是共生的，是相辅相成的。变动是绝对的，稳定是相对的，前述的“限度”是决定能否稳定的条件。环境的这一特性表明：人类社会的这一行为会影响环境的变化，因此人类社会必须自觉地调控自己的行为，使之与环境自身的变化规律相适配、相协调，以求得环境向着更加有利于人类社会生存发展的方向变化。

3.资源性与价值性

人类之所以如此地重视环境，其根本原因在于人类越来越深刻地认识到：环境是人类社会生存与发展须臾不可离开的依托。甚至可以说，没有环境就没有人类的生存，更谈不上人类社会的发展。从这个意义上来看，环境具有不可估量的价值。环境价值源于环境的资源性。

人类的繁衍、社会的发展都是环境对之不断提供物质和能量的结果。也就是说，环境是人类社会生存发展的必不可少的投入，因此说环境就是资源。

过去，人们较多注意的是环境资源的物质性方面（以及以物质为载体的能量性方面），比如地上的生物资源，地面的土地、土壤、淡水资源，地下的矿产资源等。这些无疑都是环境资源的重要组成部分，是人类社会生存发展所必需的物质资源。

①韩雪婷. 人居环境科学理论指导下的村庄整治规划初探[D]. 北京：北京交通大学，2016.

近几十年来，通过对环境科学的深入研究，人们已进一步认识到，资源的概念除物质性部分以外，还应包括非物质性的部分。具体到环境而言，状态也是一种资源。不同的环境状态，对人类社会的生存发展将会提供不同的条件。这里所说的状态，既有所处方位上的不同，也有范围大小的不同。不如说，同样是海滨地区，有的环境状态有利于发展港口码头，有的则有利于发展滩涂养殖；同样是内陆地区，有的环境状态有利于发展旅游业，有的则有利于发展重工业；有的环境状态有利于发展城市，有的则有利于发展疗养地；等等。总之，环境状态因其将影响着人类的生存方式和发展方向的选择，并对人类社会发展提供不同的条件，因此说环境是一种资源，这就是环境的资源性。

二、环境系统

环境是一个系统，而且是开放式系统。环境系统可以分成不同层次。如环境系统可以有子系统（环境要素）：包括大气环境、水环境、土壤环境、生物环境等。而这些子系统还可以再在下一个层次上分成若干个二级子系统。如水环境系统下还可以再分为流域环境系统、海洋环境系统和湖泊环境系统等。

环境要素是环境系统的独立基本单元，一般主要指大气、水、土壤、生物等。

环境系统和环境要素是不可分割地联系在一起的。一方面当环境系统处于稳定状态时，它的整体性作用就决定并制约着各环境要素在环境系统中的地位、作用以及各要素之间的数量比例关系；另一方面，各环境要素间的联系方式和相互作用关系又决定了环境系统的总体性质和功能。比如，各环境要素之间处于一种协调、和谐和适配的关系时，环境系统就处于稳定的状态。反之，环境系统就处于不稳定状态。

（一）环境系统的结构与状态

环境结构和环境状态分别是环境系统特征的内在和外在表示。

环境结构指的是环境整体（系统）中各独立组成部分（要素）间数量的比例关系、空间位置的配置关系以及联系的内容和方式。通俗地说，环境结构表示的是环境要素是怎么样结合成一个整体的。比如，滨海地区和内陆地区的环境结构是不同的，因为后者至少比前者缺少海洋以及栖息于海洋的动植物等环境要素；又如，即使同为内陆地区，林草茂密的林区和干旱的沙漠地区的环境结构也是不同的，因为后者至少缺少了森林以及栖息在森林中的野生动物这些环境要素；等等。这说明，所谓不同的环境，实质上指的是它们有不同的结构。

环境结构是环境系统具有不同特性的内在原因，比如滨海环境和内陆环境就具有十分不同的环境特点。前者有广阔的海洋、绵长的海岸线这样的环境要素，后者有广阔的土地、丰富的地上和地下资源这样的环境要素。显然，这两种环境具有不同的结构和不同的整体特性，因此它们对人类社会的生存发展就提供了不同的条件。前者可以建港口、修滩涂，发展远洋运输业、港口工业、远洋捕捞业或近海养殖业，而后者可以修铁路、开矿山，或者修水利、建农田，发展采掘业、冶炼业、加工业或农业。人类社会在不同的环境中选择不同的生存方式和发展方向，其根本原因是环境结构的不同。

环境状态是环境结构的运动和变化的外在表现形态。不同的环境结构具有不同的环境状态，同样结构的环境，在其运动和变化的不同阶段也可能呈现出不同的环境状态。比如说，对于一个环境系统，若其任一环境要素中的污染物含量发生了变化，譬如说大气中二氧化硫的含量增加了一倍，那么我们就说这一环境系统的状态发生了改变。但这时，此环境系统的结构并没因此而变化。又若一个环境系统中任一环境要素的数量发生了变化，譬如由于围湖造田，使该环境的水面面积大大减少，也可以说这一环境系统的状态发生了改变，但该环境系统的结构并没有发生变化。如果环境状态变化到超过某一限度，譬如在上例中，水面面积减少到零，那么此系统的环境结构就发生了改变。因此，可以通俗地说，环境状态是环境系统的外貌。

（二）环境的组成和结构

从上述可知，人类的生存环境是庞大而复杂的大系统，它是由自然环境、工程环境和社会环境组成的。

1. 自然环境的组成和结构

自然环境是人类发生和发展的物质基础，它是由生物和无机环境组成。

大气、水体和土地以各种不同的组合和耦合方式组成多种多样的生物无机环境，孕育着多种多样的生物。

生物群落及无机环境共同组成自然环境的结构单元，由低级单元再组成高级单元，所以自然环境实际上是一个由两阶梯（由组成要素组成结构单元，再由低级结构单元组成高级结构单元）组成的多级谱系。

2. 工程环境的组成和结构

工程环境是人类在利用和改造自然环境中创造出来的人工环境。现在地球上没有受到人类活动影响的自然环境可以说是极为罕见的，绝大部分的原野已被加工改造成了农田、牧场、林场、旅游休养地，并适应人类的需要而日益加速地兴建工厂、矿山、各种建筑，以及交通、通信设备等。所以，很早便有人提出通过人类活动的基本事实来阐述人类与环境的关系。现代人类活动的内容和结构是异常丰富而复杂的，但最基本的、最主要的是生产和消费活动，也就是人类与自然环境间以及人与人间的物质、能量和信息的交换过程。这一活动的全部过程——从资源由自然环境中提出来到以“三废”的形式再排向自然环境，一般可分为提取、加工、调配、消费和排放五个分过程或五个阶段，且每个分过程又都可以再细分下去。例如，提取过程可再细分为采集业、狩猎业、农业、牧业、采掘工业、冶炼工业等，以及各种自然资源（如太阳能、风能、水能、地热、核能等），以及各种位能和潜能的利用工业等；加工过程可再细分为机械加工、化学加工等；调配过程可再分为运输、储存、管理等；消费过程可再细分为生产消费、非生产消费等；排放过程可再分为直接排放和各种处理后排放等。当然，还可以再细分下去，而

正是这些活动过程把原始的生物圈导向技术圈，并在自然环境基础上创造出了工程环境。它包括农业工程环境、工业工程环境以及能源工程环境、交通通信工程环境、信息工程环境等，它们是人类在利用和改造自然环境中创造出来的，但反过来它们又成了影响自然环境和人类活动的重要因素和约束条件。

3.社会环境的组成和结构

社会环境是由政治、经济和文化等要素构成的，经济是基础，政治是经济的集中表现，文化则是政治和经济的反映。一定的社会有一定的经济基础和相应的政治和文化等上层建筑。社会环境是人类活动的产物，但反过来它又成为人类活动的制约条件，也是影响人类与自然环境关系的决定性因素。

自然环境、工程环境与社会环境共同组成各级人类生存环境单元，如聚落环境、区域环境，直至全球性环境。也就是说，人类的生存环境是一个极其庞大而复杂的多级大谱系。

由人类这个中心系统与其环境可共同构成人类生态系统，运用系统分析和系统综合的方法，对此系统进行研究便是环境科学的重要研究课题和基本任务。

（三）环境系统的功能特性

环境构成一个系统，是由于在各子系统和各组成成分之间存在着相互作用，并构成一定的网络结构。正是这种网络结构，使环境具有整体功能，形成集体效应，起着协同作用。环境的整体功能大于各子系统和各组成成分功能之和。

环境在不受或未受污染影响的情况下，各要素的化学元素的正常含量和环境中能量分布的正常值，称为环境背景值。环境对于进入其内部的污染或污染因素，具有一定的迁移、扩散和同化、异化能力。在人类生存和自然环境不致受害的前提下，环境可能容纳污染物的最大负荷量，称为环境容量。环境容量的大小，与其组成成分和结构、污染物及其物理和化学性质有关。由于环境的时、空、量、序的变化，导致物质和能量的不同分布和组合，使环境容量发生变化。这种变化幅度的大小，则称为环境的可塑性或适应性。污染物或污染因素进入环境后，将引起一系列物理的、化学的、生物的作用，环境自身能逐步清除污染物，达到自然净化的目的，这种作用称为环境自净。环境自净，按它发生的机理可分为物理净化、化学净化和生物净化三类。人类发展活动产生的污染物或污染因素，进入环境的量超越环境容量或自净能力，导致环境质量恶化的现象，就是环境污染。

具有高度智能的人类，是干扰和调控环境的一个重要因素。历史经验证明，人类的经济和社会发展，如果遵循客观自然规律、经济规律和社会规律，那么人类就有益于自然界，人口、经济、社会和环境就协调发展；相反，则环境质量恶化，生态环境破坏，自然资源枯竭，人类必然受到自然界的惩罚。为此，我们要正确了解环境的组成和结构，自觉运用环境的功能和环境的演变规律，消除各项工作中的主观性和片面性。

由于人类环境存在连续不断的、巨大和高速的物质、能量和信息的流动，表现出其对人类活动的干扰与压力具有不容忽视的特性：

1.整体性

人与地球环境是一个整体。地球的任何一部分，或任何一个系统，都是人类环境的组成成分，各部分之间存在着紧密的相互联系、相互制约关系。局部地区的环境污染或破坏，总会对其他地区造成影响和危害，所以人类生存环境及其保护从整体看是没有地区界线、省界和国界的。

2.有限性

这不仅是指地球在宇宙中独一无二，而且其空间也有限，有人称其为“弱小的地球”。这也同时意味着人类环境的稳定性有限，资源有限，容纳污染的能力有限，或对污染物的自净能力有限。

3. 不可逆性

人类的环境系统在其运转过程中，存在两个过程：能量流动和物质循环。后一过程是可逆的，但前一过程不可逆，因此，根据热力学理论，整个过程是不可逆的。所以环境一旦遭到破坏，利用物质循环规律，可以实现局部的恢复，但不能彻底回到原来的状态。

4. 隐显性

除了事故性的污染与破坏可直观其后果外，日常的环境污染与环境破坏对人类的影响，其后果的显现，要有一个过程，需要经过一段时间。

（四）持续反应性

事实告诉人们，环境污染不但影响当代人的健康，而且还会造成世世代代的遗传隐患。

（五）灾害放大性

实践证明，某方面不引人注目的环境污染与破坏，经过环境的作用以后，其危害性或灾害性，无论从深度和广度，都会明显放大。例如我国四川省森林的严重破坏，导致1981的特大山洪暴发，造成严重的水灾。又如大气中的二氧化碳增加，产生温室效应，使全球气温升高，冰帽融化，海水上涨，淹没许多良田和城市。目前大量使用氟氯碳化物，破坏了臭氧层，结果不仅人类皮肤癌患者增加，而且太阳光中能量较高的紫外线将杀死地球上浮游生物和幼小生物，断了大量食物链的始端，以至有可能毁掉整个生物圈。

第四章　现代林业生态建设与治理

第一节　山丘地区的林业生态建设

一、山丘地区水土保持林体系

防护林体系同单一的防护林林种不同，它是根据区域自然历史条件和防灾、生态建设的需要，将多功能多效益的各个林种结合在一起，形成一个区域性、多树种、高效益的有机结合的防护整体。这种防护体系的营造和形成，往往构成区域生态建设的主体和骨架，发挥着主导的生态功能与作用。

应该指出，防护林体系的形成除历史条件和生产基础外，还有与之相适应的科学和理论的基础。20世纪70年代末，北京林业大学关君蔚教授总结了50年代以来三北地区营造防护林的生产经验，指出了防护林的基本林种，在此基础上提出了防护林体系简表，比较完整地表述了目前我国防护林体系的类型、林种组成等。这一防护林体系概念的提出，很

快为1978年兴建的三北防护林体系建设工程采用。此后，长江中上游防护林体系建设工程、沿海防护林体系建设工程等也相应采用。三北防护林体系第一期、第二期工程顺利完成，工程取得了巨大的成就。林业部总结研究了三北防护林体系建设工程的经验、教训，明确提出要从理论上和技术上探索生态经济型防护林体系的问题。1992年中国林学会水土保持专业委员会学术会议上正式提出比较全面、深刻的关于生态经济型防护林体系的定义："生态经济型防护林体系是区域（或流域）人工生态系统的主体和其有机组成部分。以防护林为主体，用材林、经济林、薪炭林和特用林等科学布局，实行组成防护林体系各林种、树种的合理配置与组合充分发挥多林种、多树种、生物群体的多种功能与效益，形成功能完善、生物学稳定、生态经济高效的防护林体系建设模式。"①

这些水土保持林林种及其形成的体系中，实际上还包括流域内所有木本植物群体，如现有天然林、人工乔灌木林、四旁植树和经济林等。这些林业生产用地反映了各自的经济目的，它们均发挥着水土保持、水源涵养和改善区域生态环境条件的功能和效益。这是因为它们和上述水土保护林体系各林种一样，在流域范围内既覆盖着一定面积，又占据着一定空间，同样发挥着改善生态环境和保持水土的作用，如果园及木本粮油基地等以获取经济效益为主的林种，在水土流失的山区、丘陵区，林地上如不切实搞好保水、保土，创造良好的生产条件，欲得到预期的经济效益是不可能的。因此，在流域范围内的水土保持林体系应由所有以木本植物为主的植物群体所组成。

二、水土保持林体系的配置模式

在小流域范围内，水土保持林体系的合理配置，要体现各个林种具有生物学的稳定性，显示其最佳的生态经济效益，从而达到流域治理持续、稳定、高效人工生态系统建设目标的主要作用。

---

①郦可．绿色发展理念下林业生态保护的路径探索[J]．黑龙江环境通报，2023，36(09)：110-112.

上述水土保持林体系配置的组成和内涵，其主要基础是做好各个林种在流域内的水平配置和立体配置。所谓“水平配置”，是指水土保持林体系内各个林种在流域范围内的平面布局和合理规划。对具体的中、小流域，应以其山系、水系、主要道路网的分布，以及土地利用规划为基础，根据当地发展林业产业和人民生活的需要，根据当地水土流失的特点，水源涵养、水土保持等防灾和改善各种生产用地水土条件的需要，进行各个水土保持林种合理布局和配置，在规划中要贯彻“因害设防，因地制宜”“生物措施和工程措施相结合”的原则，在林种配置的形式上，在与农田、牧场及其他水土保持设计的结合上，兼顾流域水系上、中、下游，流域山系的坡、沟、川，左、右岸之间的相互关系，同时，应考虑林种占地面积在流域范围内的均匀分布和达到一定林地覆盖率的问题。我国大部分山区、丘陵区土地利用中林业用地面积大致要占到流域总面积的30%～70%，因此，中小流域水土保持林体系的林地覆盖率可在30%～50%。

所谓林种的“立体配置”，是指某一林种组成的树种或植物种的选择，和林分立体结构的配合形成。根据林种的经营目的，要确定林种内树种、其他植物种及其混交搭配，形成林分合理结构，以加强林分生物学稳定性和形成开发利用其短、中、长期经济效益的条件。根据防止水土流失和改善生产条件以及经济开发需要和土地质量、植物特性等，林种内植物种立体结构可考虑引入乔木、灌木、草类、药用植物、其他经济植物等，其中，要注意当地适生的植物种的多样性及其经济开发的价值。“立体配置”除了上述林种内的植物选择、立体配置之外，还应注意在水土保持与农牧用地，河川、道路、四旁、庭院、水利设施等结合中的植物种的立体配置。在水土保持林体系中通过林种的“水平配置”与“立体配置”使林农、林牧、林草、林药的合理结合形成多功能、多效益的农林复合生态系统；形成林中有农、林中有牧，利用植物共生、时间生态位重叠，充分发挥土、水、肥、光、热等资源的生产潜力。不

断培肥地力，以求达到最高的土地利用率和土地生产力。

总之，对一个完整的中、小流域水土保持林体系的配置，要考虑通过体系内各个林种的合理的水平配置和布局，达到与土地利用等的合理结合，分布均匀，有一定的林木覆盖率，各林种间生态效益互补，形成完整的防护林体系，充分发挥其改善生态环境和水土保持功能。同时，通过体系内各个林种的立体配置，形成良好的林分结构，具有生物学上的稳定性，达到加强水土保持林体系生态效益和充分发挥其生物群体的生产力，以创造持续、稳定、高效的林业生态经济功能。

第二节　平原地区的林业生态建设

一、平原地区的自然灾害与造林概况

（一）自然灾害

1. 尘风暴

尘风暴是风沙危害的主要形式。它侵蚀耕地表土，特别是疏松沙质土，常常连施入的肥料、种子、发芽的幼苗一同刮走或刮露，被刮走的表土又常常落入耕地，造成沙压，使种子不能出土。也有时由于沙割（沙粒不断抽打叶片），而使幼苗枯萎。这是我国最主要、最普遍的危害形式，主要在春季发生。由于遭受尘风暴而需要重新播种两三遍，而且又延误了农时，最后不得不在风季后，播下生长期短的低产作物。表土年年风蚀的结果，耕地日益瘠薄。有时形成沙漠化土地，失去耕种价值。

2. 干热风

干热风的特点是风速大于等于3米/秒，气温大于等于32～35℃，相对湿度小于等于25%～30%，它导致农作物蒸腾与土壤蒸发的加剧，强烈地破坏了作物的水分平衡和正常的光合作用，结果在较短时间内给作

物的生育与产量造成巨大影响，严重时减产30%以上。在中、弱型干热风影响下也会减产10%～20%。

3.风灾

风力过大时，农作物的蒸腾加速，造成生理失水过多以至破坏作物体内的水分平衡，导致农作物萎蔫或干枯而死。当风速大于10米/秒时，作物的同化作用能降低1/20，并使作物遭受机械损伤，如倒伏、落花落果等，造成即将成熟的农作物大量脱粒。风灾以东北西部、西北、内蒙古和沿海较多①。

4.低温冷害

低温冷害是温度在0℃以上，有时甚至接近20℃的条件下对农作物产生的危害。多发生于秋季水稻抽穗扬花期。当冷空气入侵，温度降低到20℃以下，花药不能开裂，15℃以下开花停止，造成不育或灌浆不饱满而导致减产。

5.其他自然灾害

平原地区除普遍存在的旱、涝灾害外，还有土壤盐渍化的危害，低温引起的霜冻及冰雹等，也是该地区的自然灾害。

（二）造林概况

我国营造农田防护林的历史比较悠久，概括起来大致有三个发展阶段。

1.1949年前小型农田防护林营造

个体农民为防止风沙的危害，在田地边缘栽植成行的林木，用以保护农作物取得较好的收成，同时又获得木料以增加经济收益。它的特点是不规整、网眼小、分布零散、规模小，是一种分散式的林带，形不成完整的防护林体系。

①李丹．林业生态建设影响因素及对策研究[D]．哈尔滨：东北农业大学，2015．

2.从20世纪50年代初期到60年代末期大网格宽林带建设

此阶段主要学习苏联营造农田防护林的经验。为了改善农田小气候环境和保障农作物高产稳产，由国家或集体统一规划营造大面积的农田防护林带。如东北、华北、西北和东南沿海地区营造的防护林带，要求主林带的走向与主要害风方向垂直，带距都按林带有效防护距离来配置，林带宽大都在30~40米，具有宽林带、大网格的特点。它们对改善农田小气候环境与保障农业增产方面起到了良好的作用。由于我国耕地少、人口多和自然灾害性质复杂，宽林带大网格的配置形式不是最佳模式。但是，营造的质量还是比较好的，成绩是显著的。当时，我国东北西部地区约营造了1700千米长的防护林带，在苏北和山东南部地区营造了1500千米长的护田林带。

3.从20世纪70年代至今窄林带小网格并实现农田林网化

农田防护林建设的特点是以生态学与生态经济学的原理为基础，实现山、水、田、林、路综合治理和开发利用，逐步建立起生态农业。为此，各地区结合当地的生产实际，改造旧的农田防护林带，把宽林带大网格变为窄林带小网格，并实现农田林网化。现在，有的省区已经营造了全县统一的、全区统一的农田防护林体系。这种新的防护林体系以农田林网化为骨架，将“四旁”植树、速生丰产林、林粮间作以及经济林融为一体，构成农业地区完整的防护林体系，这就是生态农业的基础。自1977年以来，我国农田林网化面积已达1300万公顷左右，林粮间作的耕地已达190万公顷以上，“四旁”植树共72亿株。

二、农田防护林的效益

（一）农田防护林带的防风效应

防护林带作为一个庞大的树木群体，是害风前进方向上的一个较大障碍物。林带的防风作用是由于害风通过林带后，气流动能受到极大的削弱。实际上害风遇到林带后一部分气流通过林带，如同通过空气动力栅一样，由于树干、树枝、树叶的摩擦作用将较大的涡旋分割成无数大小不等、方向相反的小涡旋。这些小的涡旋又互相碰撞和摩擦，进一步消耗了气流的大量能量。此外，除去穿过林带的一部分气流受到削弱外，另一部分气流则从林冠上方越过林带迅速和穿过林带的气流互相碰撞、混合和摩擦，气流的动能再一次削弱。

1.林带对气流结构的影响

当害风遇到紧密结构的林带时，在林带的迎风面形成涡旋（风速小、压力大），后来的气流则全部翻越过林冠的上方，越过林冠上方的气流在背风面迅速下降形成一个强大的涡旋，促使越过林带的气流不断下降，产生垂直方向的涡动。这种状况是由上下方的风速差、压力差和温度差的共同作用造成的。因此，在紧密结构林带的背风贴地表层形成一个比较稳定的气垫层，它促进空气的涡旋向上飘浮和林带上方的水平气流相互混合和碰撞，并继续向前运动乃至破坏和消失。

当气流遇到透风结构的林带时，一小部分气流沿林冠上方越过林带；另一部分则从林带的下方穿过林带，使透风面的气流发生压缩作用，而在林带的背风面形成强大的涡旋，这种涡旋被林带下方穿过来的气流冲击到距离背风林缘较远的地方，背风面所形成的强大涡旋一般在树高5~7倍的地方。

当气流遇到疏透结构的林带时，在林带背风面，由林冠上方越过而下降的气流所形成的涡旋不是产生在背风林缘处，而是在距林带树高5~10倍处产生涡旋作用。这是因为较均匀地穿越林带的气流直接妨碍着涡旋在背风林缘处的形成。所以，气流通过疏透结构林带时遇到树干、树叶的阻拦和摩擦，使大股的气流变成无数大小不等、强度不一和方向相反的小股气流。

2.林带对风速的影响

不同结构的林带对空气湍流性质和气流结构的影响是不同的，因而它们对降低害风风速和防护效果也是不同的。这样，林带背风面的有效

防护距离一般为林带高度的20～30倍，平均采用25倍；而迎风面的有效防护距离一般为林带高度的5～10倍。实际上，农田防护林带的防护作用和防护距离与其结构、高度、断面类型有直接的关系。

紧密结构的林带对气流的影响使林带前后形成两个静高压的气枕，越过林带上方的气流呈垂直方向急剧下降，因而在林带前后形成两个弱风区。紧密结构的林带其特点是整个林带上、中、下部密不透光，疏透度小于0.05，中等风速下的透风系数小于0.35。背风面1米高处的最小弱风区位于林带高度的1倍处，防护有效距离相当于树高的15倍。

透风结构的林带不同于紧密结构的林带。由于透风结构的林带下部有一个透风孔道，这种林带结构是以扩散器的形式而起作用的。从外形上看，上半部为林冠，下半部为树干。林冠层的疏透度为0.05～0.3，而下部的疏透度大于0.6。透风系数0.5～0.75。背风面1米高处最小弱风区位于林带高度6～10倍处。

（二）农田防护林带对温度的影响

1.林带对气温的影响

农田防护林带具有改变气流结构和降低风速的作用，其结果必然会改变林带附近的热量收支各分量，从而引起温度的变化。一般来说，在晴朗的白天，太阳辐射使下垫面受热后，热空气膨胀而上升并与上层冷空气产生对流，而另一部分辐射差额热量被蒸发蒸腾和地中热通量所消耗。这时在有林带条件下，由于林带对短波辐射的影响，林带背阴面附近及带内地面得到太阳辐射的能量较小，故温度较低，而在向阳面由于反射辐射的作用，林缘附近的地面和空气温度常常高于旷野。同时，在林带作用范围内，由于近地表乱流交换的改变导致空气对流的变化，均可使林带作用范围内的气温与旷野产生差异。在夜间，地表冷却而温度降低，愈接近地面气温降低愈烈，特别是在晴朗的夜间很容易产生逆温。这时由于林带的放射散热，温度较周围要低，而林带内温度又比旷野的相对值高。

总体上看，在春季林带附近气温比旷野要高0.2℃左右，且最高气温也高于旷野，这有利于作物萌动出苗或防止春寒。而夏季林带有降温作用，1米高处气温比旷野低0.4℃，20厘米高处比旷野低1.8℃。9月份和春季相似，冬季林带有增温作用。

2.农田防护林带对土壤温度的影响

林网内地表温度的变化与近地层气温有相似的规律性。观测资料表明，林带对地表温度的影响要比对气温的影响较为显著。中午林带附近的地温较高，而早晨或夜晚林缘附近的地温虽然略高，但5倍林带高度处地温较低，尤其是最低温度较为明显，其原因是在5倍处风速和乱流交换减弱得最大。

在风力微弱晴天的条件下，林带提高了林缘附近的最低温度。早晨5点，向阳面和背阴面均比旷野高1℃～3℃，林带内比旷野高5℃；林带提高了向阳面的地表温度，但降低了背阴面的最高地温即减小了背阴面及林带内的地温日振幅。

（三）农田防护林带的水文效应

1.林带对蒸发蒸腾的影响

大量的观测资料表明，林网内部的蒸发要比旷野的小，故可减少林网内的土壤蒸发和作物蒸腾，改善农田的水分状况。一般在风速降低最大的林缘附近，蒸发减小最大，最大可达30%。其中，透风结构的林带，对蒸发的减少作用最佳，在25倍范围内平均减少了18%；紧密结构林带为10%左右。此外，林带降低蒸发作用所能影响到的范围也决定于林带结构，在疏透度为0.5的林带至少可达20倍，而在紧密结构林带的条件下，由于空气乱流的强烈干扰，这个范围就会受到较大限制。

林带对蒸发的影响中，风速起着主导作用，但是气温的影响也是相当大的。在空气湿度很小和气温较高的情况下，林缘附近因升温作用而助长的蒸发过程，往往可以抵消由于林缘附近因风速降低所引起的蒸发

减弱作用。在这种情况下，尽管风速的变化仍是随林带距离而增大，但蒸发却没有多大差异。这说明林带对蒸发蒸腾的影响相当复杂，在不同自然条件下得到的结果差异很大，说明林带对蒸发的影响是多种因子综合作用的结果。

2.林带对空气湿度的影响

在林带作用范围内，由于风速和乱流交换的减弱，使得林网内作物蒸腾和土壤蒸发的水分在近地层大气中逗留的时间要相应延长，因此，近地面的绝对湿度常常高于旷野。一般绝对湿度可增加水汽压50～100帕，相对湿度可增加2%～3%。增加的程度与当地的气候条件有关，在比较湿润的情况下，林带对空气湿度的提高不很明显；在比较干旱的天气条件下，特别是在出现干热风时，林带能提高近地层空气湿度的作用是非常明显的。

但在这里必须指出，在比较干旱的天气条件下，林带可明显提高空气湿度，而在长期严重干旱的季节里，林带增加湿度的效应就不会明显了。

此外，相对湿度的大小与气温有关，温度愈高相对湿度愈低。所以，林缘附近的地层气温的变化也是影响相对湿度的重要原因之一。

3.林带对土壤湿度的影响

土壤湿度决定于降水和实际蒸发蒸腾，而林带可以使这两个因素改变，它既可以增加降水（特别是固体降水），也可减少实际的蒸发蒸腾，因而在林带保护范围内，土壤湿度可显著增加。在降雪丰厚的地方，第一个作用就具有头等的重要性，而在气候比较温和的地区，实际蒸发蒸腾量的减少便成为增加土壤湿度的决定性因素。但是在干旱的气候条件下，由于林带能使实际蒸发蒸腾量增加，因而受保护地带的土壤就有可能比旷野还干燥。此外，在距林带很近的距离内，因林带内树木根系从邻近土壤中吸收大量水分供于蒸腾作用，常常使这些地段的土壤湿度降低。背风面5倍林带高度处的土壤湿度比旷野可提高2%～3%。在生长期土壤湿度的差异不太明显，林带对提高土壤湿度、延缓返盐的作用是很明显的。

在不同的年份，林带对土壤湿度的影响不同。比较湿润的年份，林带对土壤水分的影响不大，在干旱的年份却非常明显。

4.林带对降水和积雪的影响

林带影响降水的分布表现在林带上部林冠层阻截一部分降水，约有10%～20%的降水为林带的林冠截留，大部分蒸发到大气中去，其余的则降落到林下或沿树干渗透到土壤中。当有风时，林带对降水的分布影响更为明显。在林带背风面常可形成一弱雨或无雨带，而向风面雨量较多。当降雪时，林带附近的积雪比旷野多而且均匀。林带除了影响大气的垂直降水外，还常常引起大量水平降水。在有雾的季节和地区，由于林带阻挡，常可阻留一部分雾水量，尤其在海滨地带，海雾较多，随海风吹入内陆，林带可阻留相当数量的雾水量。另外，林带枝叶面积大，夜间辐射冷却，往往产生大量凝结水如露、霜、雾、树挂等，其数量比旷野大。

在多雪地区，强风常常将积雪吹到低洼地区，致使广阔农田上失去积雪的覆盖和融雪水的聚积。

由于林带能够降低风速，因而就保护了农田上的积雪不会被强风吹走，并能均匀地分布在农田上。林带的结构不同，对积雪的分配也是不同的。在紧密结构林带的内部及其前后林缘处，由于风速最低，积雪堆积的也最厚，而其他地方反而得不到较多积雪覆盖。因此，在春季融雪时，势必造成林缘或林内水分过多，甚至形成积水，而农田上融雪则很少。这种情况对作物越冬和克服春旱都是很不利的。而透风结构和稀疏结构的林带则相应较好。

据国内外大量的研究资料表明，在有林带保护的农田上，林网内的积雪一般比无林带的农田增加10%～20%，而土壤含水率可提高5%～6%，甚至可提高10%～30%。

5.林带对地下水的影响

在干旱的灌溉农区，由于渠道渗漏和灌溉制度的不合理，因排水不良而造成地下水位逐年上升，最终导致土壤次生盐渍化。

在渠道的两侧营造防护林，既能改善小气候，也能起到生物排水作用。一棵树好似一台抽水机，依靠它庞大的林冠和根系不断把地下水蒸发到空气中去，使地下水位降低，林木的这种排水作用不亚于排水渠。从这个角度上讲，灌溉地区的农田防护林对地下水的降低和防止或减轻渠道两侧的土壤盐渍化有明显的作用。如新疆石河子地区测定，5～6年生18米宽的白柳林带，林带每侧16米范围内，平均降低地下水位为0.34米。脱盐范围林带每侧可达100米，0～40厘米深土层内含盐量在林带内为0.26%；距离林带15米为0.34%；距离林带50米为0.43%；距离林带100米为0.58%；距离林带150米土壤含盐量为1.0%。

另据国外研究材料表明，林带能将5～6米深的地下水吸收上来蒸发到空气中去。林带的生物排水作用由于树种不同而异，不同的树种，其蒸腾量也是不同的。

所以，林带对地下水位的影响是由林带的蒸腾作用而决定的，正是由于林木能大量地将地下水蒸发到空气中去，才能使地下水明显地降低。林带在不同季节对地下水位的影响，也随不同季节林木蒸腾作用的强弱而异。大量的研究结果表明，几乎整个生长季都能使地下水位不断地降低，而林带降低地下水位最盛的时期也正是林木在生长季生理活动最旺盛的时期。一般是春季排水作用较小，从夏季到秋季排水效果明显，地下水位降低较大，7～8月为甚。初冬后，地下水位又略有回升。

作为林带对地下水位影响的日变程，也是随林木蒸腾作用日变程而变化的。一天里，林木蒸腾作用最强的时刻也正是地下水位降低速率最大的时刻。

总的来讲，林带的生物排水作用表现在水平和垂直两个方向上。距离林带愈近，降低地下水位的效果愈明显，而且地下水位的日变程的变幅也愈大。从大量的观测资料来看，林带对地下水位影响的变化趋势是基本一致的，但是在不同的地区，由于自然条件的不同，其观测结果常有很大的差异。林带的树种组成、搭配方式会影响林带的生物排水效果和范围。

（四）农田防护林带对农作物的增产效果

国内外大量的生产实践及科学研究表明，林带对农作物的增产效果是十分明显的，一般增产幅度10%～30%。

1.国外关于林带对农作物的增产效果

世界上许多国家为了防止各种自然灾害营造了大面积的农田防护林带、林网，由于各国地理位置、气候条件、灾害的性质和程度、土壤特性、农业技术和经营水平以及作物的品种有很大差异，防护效果不完全一致，但各国大量的实地观测研究，均能证明林带对其保护下的农作物有明显的增产效果。

美国营造农田防护林规模较大，分布范围广，在蒙大拿州、堪萨斯州林带保护下的冬小麦可增产10%～24%。

埃及在河谷和三角洲营造农田防护林后，棉花、小麦、玉米、尼罗玉米和水稻分别增产35.6%、38%、47%、13%和10%。南斯拉夫沃日高狄纳地区营造林带后，农作物增产10%～20%。匈牙利18个地方的统计资料表明最大增产地段在3～10倍，可提高小麦产量9.8%～26%，玉米2.9%～28.7%。捷克营造的5～7行杨树林带平均玉米增产10%。土耳其巴拉国营农场营造农田防护林带成林后，由于土壤水分增加了27%～38%，农作物产量增加24.4%。

2.国内主要农田防护林类型区林带对农作物的增产效果

我国各农田防护林区的气候条件、土壤类型及作物品种、耕作技术等差异较大，各区林带、林网对农作物的生长发育都有明显的影响，对作物产量和产品质量都有明显的提高。

东北西部内蒙古东部农田防护林区，该区主要农业气象灾害是风沙、干旱。东北林业大学陈杰等（1987）对黑龙江省肇州县农田防护林内的玉米产量做了调查，结果表明，在1～30倍范围内，平均产量比对照区增产49.2%，而且增产的最佳范围是5～15倍。

华北北部农田防护林区，如河北坝上、张北地区，地势高寒，作物以莜麦、谷类为主。在20倍范围内，林带对黍子和莜麦的产量有明显的增产效果，黍子平均增产50%，莜麦平均增产14.2%。

华北中部农田防护林区，该区是我国主要农作区，主要作物有小麦、棉花。从河南、山西、山东等省的调查表明，林网保护下的小麦平均增产幅度从10%～30%。华北平原许多地区常采取小麦—玉米复种，经河南修武调查，在林网保护下可使后茬作物秋玉米增产21.5%。山东省林业科学研究所于1980年观测研究了林网对提高棉花产量的影响，结果表明在林网保护下的棉田产量明显高于对照地，增产区增产率为17.4%，考虑到林缘树根等争夺土壤水分、养分和遮阴的原因减产，林网内平均增产率仍可达13.8%。

西北农田防护林区、河西走廊张掖灌区的调查，受林带保护的农田比无林带保护的农田，春小麦平均增产8%。主林带间距100～250米，副林带间距400～600米，网格面积4～15公顷，其中林带胁地减产区面积（林网副作用区）占7.9%～17%，平产区面积占5.2%～11.8%，增产区面积占71.2%～86.9%。

（五）林带胁地与对策

林带胁地是普遍存在的现象，其主要表现是林带树木会使靠林缘两侧附近的农作物生长发育不良而造成减产。林带胁地范围一般在林带两侧1～2倍范围内，其中影响最大的是1倍范围以内，林带胁地程度与林带树种、树高、林带结构、林带走向和不同侧面、作物种类、地理条件及农业生产条件等因素有关。一般侧根发达而根系浅的树种比深根性侧根少的树种胁地严重；树越高胁地越严重；紧密结构林带通常比疏透结构和透风结构林带胁地要严重；农作物种类中高秆作物（玉米）和深根性作物（花生和大豆）胁地影响范围较远，而矮秆和浅根性作物（小麦、谷子、荞麦、大麻等）影响较轻；通常南北走向的林带且无灌溉条件的农作物，林带胁地西侧比东侧严重，东西走向的林带南侧比北侧严重，在有灌溉条件下的农作物，水分不是主要问题，由于林带遮阴的影响，林带胁地情况则往往与上面相反，北侧重于南侧，东侧重于西侧。

产生林带胁地的原因主要有：①林带树木根系向两侧延伸，夺取一部分作物生长所需要的土壤水分和养分；②林带遮阴，影响了林带附近作物的光照时间和受光量，尤其在有灌溉条件、水肥管理好的农田，林带遮阴成为胁地的主要原因。

在林带胁地范围内作物减产程度是比较严重的。黑龙江安达市和泰来县等地调查表明：在1倍范围内，作物减产幅度在50%~60%。辽宁章古台防护林实验站的调查，在林带两侧1倍林带高度范围内，谷子减产60%，高粱减产52.7%，玉米减产55.9%。山西夏县林业局调查：南北走向的林带对两侧小麦的影响是东侧距林带4米处，小麦减产20%；西侧距林带4米处，小麦减产8%。一个网格内胁地情况是：林带胁地宽度东面4.4米，西面3.6米，北面4.2米，南面2.5米。

减轻林带胁地的对策有：①挖断根沟。以林带侧根扩展与附近作物争水争肥为胁地主要影响因素的地区，在林带两侧距边行1米处挖断根沟。沟深随林带树种根系深度而定，一般为40~50厘米，最深不超过70厘米，沟宽30~50厘米。林、路、排水渠配套的林带，林带两侧的排水沟渠可起到断根沟的作用。②农作物合理配置。在胁地范围内安排种植受胁地影响小的作物种类。如豆类、薯类、牧草、蓖麻、绿肥、瓜菜、中草药等。③树种的选择及林带的合理配置。选择深根性树种（根系垂直分布深，水平分布短）并结合田边、水渠、道路合理配置林带，可减少相对应的胁地距离，在紧靠农田的林带边行乔木树种，可适当考虑树

冠较窄或枝叶稀疏、发芽展叶较晚、根系较深的树种，如新疆杨、泡桐、枣等。在中等或较轻风沙危害区，林带配置以疏透结构或透风结构为宜，以增加透风透光度，减少林带遮阴，使林带两侧小气候得到改善，以减轻林带胁地的影响。④保证水肥。在方田边缘近林带处，对受林带胁地影响明显范围内的作物，保证充足的水分供应和增施肥料，也是减少胁地影响的有效措施。

第三节　风沙地区的林业生态治理

近半个世纪以来，土地荒漠化严重地在我国北方蔓延扩大，威胁着人们的生存条件。特别是在干旱、半干旱及半湿润干旱区，风蚀、水蚀造成的土壤流失，土壤的化学、物理和生物特性退化及自然植被长期丧失，使该地区的农田、草原、牧场、森林和林地生物经济生产力下降或丧失。中国政府十分重视土地荒漠化的防治工作，组织了多方面的调查研究与规划，并将其作为重大生态建设工程纳入国民经济和社会发展计划。但是，由于气候的变异和人类活动等种种因素的影响，虽然局部地区土地荒漠化得到治理，但是从整体来看，荒漠化仍在扩展加深，每年仅风蚀造成荒漠化的扩展面积达2460平方千米，严重地影响着沙区资源、环境的可持续发展。

一、我国沙漠、沙地概况

（一）沙漠、沙地的分布

沙漠和沙地，是属于不同自然地理带的沙质地域。沙漠主要分布在我国干旱地区，其中新疆、青海、甘肃、宁夏及内蒙古西部分布较多。我国的大片沙地，主要分布在半干旱地区的内蒙古东部、陕西北部、吉林西部、辽宁西北部。半湿润地区也有零星分布，如黄河故道的河南、山东、福建、广东等沿海地区。我国沙漠、沙地面积共160.7万平方千米(其中，分布在旱区的沙漠有87.6万平方千米，分布在半干旱区的沙地有49.2万平方千米，半湿润干旱区的沙地23.9万平方千米)，约占我国国土面积的16.7%。我国著名的沙漠、沙地共有12片：有干旱荒漠区的新疆塔克拉玛干沙漠、古尔班通古特沙漠、库木塔格沙漠，青海柴达木盆地的沙漠，内蒙古和甘肃的巴丹吉林沙漠，延伸到宁夏的腾格里沙漠，内蒙古的乌兰布和沙漠、半干旱荒漠草原地区的库布齐沙漠、半干旱干草原区的浑善达克沙地和呼伦贝尔沙地，内蒙古、陕西北部、宁夏的毛乌素沙地，内蒙古、辽宁、吉林的科尔沁沙地[①]。

（二）流沙的移动规律

1. 风力侵蚀

风力侵蚀是气流对地表的冲击作用，使沙粒脱离地表，进入气流被搬运、堆积的现象。发生土沙粒移动的物理过程，取决于地表状况、沙粒的大小和风力的相互作用。当风的冲力或风的垂直涡动性所形成的上升力大于土沙粒的重力，并克服土沙粒之间的连结力及地表的摩擦阻力时，就会发生土沙粒的移动，即风力侵蚀现象。当沙粒脱离地表而进入气流中被搬运，导致沙地的风蚀发展，亦称风沙流。最细的沙粒，当风速达到3米/秒时，便开始移动。当风速达到5米/秒时，就可以吹动直径0.05～0.25毫米的细沙。

沙粒随风流动的方式有三种：一是沙粒沿地表随风滑动或滚动。当风不大时，或风虽然较大，但沙粒较粗时，就呈现这种运动方式。二是随风浪跳跃式运动。当风速加大后，除粗沙粒外，就出现这种运动方式，它的移动速度加快，但飞跃的沙粒距地表通常不超过2米，并多数距地表仅30厘米左右。三是当风速进一步加大到15米/秒以上时，其较细沙粒就被风吹得很高，悬浮于空气中流动，称为悬移，更细的沙粒还

①马建清．浅谈防沙治沙与林业生态环境保护措施[J]．农业灾害研究，2021，11(10)：89-90.

能被风吹到高空，有时随风吹扬1000～2000千米，待风速降低时，就降落到地面。

2.沙丘形成

沙粒在气流中搬运主要集中在贴地面气流层内，所以近地面风的风速，就决定着风沙流发展的方向——吹蚀、搬运或堆积。当风沙流在风速变弱或遇到障碍物，以及地面结构、下垫面性质改变时，都能够发生沙粒从气流中降落堆积，随着沙粒不断堆积形成沙丘。由于沙流风向与障碍物不同，形成各种形态的沙丘，如新月形沙丘、格状沙丘、沙垄、金字塔形沙丘、灌丛沙丘、梁窝状沙丘等，以新月形最多。沙丘一般可分迎风坡（迎着主要风向的沙坡）、背风坡（背着风向的沙坡）、丘间低地。

3.沙丘移动

沙丘的移动速度取决于沙丘的内部条件，如沙丘的大小、机械组成、湿度和植被状况以及外部条件，风向、风速、风的延续时间和风沙流的含沙量等。沙丘移动总方向是和起沙风方向大体一致，移动方法分三种；前进式、往复前进式、往复式。

我国新月形沙丘移动最快，每年可达8～10米。高度不足1米的新月形沙丘，在单一主风的地区，每年可移动50米左右，个别达62米。高度仅2～3米的新月形沙丘，在单一主风方向地区，每年可移动11～16米。在多风向地区，则可达6～9米。宁夏中卫县沙坡头以格状沙丘为主的地区，年平均移动2～5米。新疆的塔克拉玛干沙漠内部地区，因沙丘高大密集，每年仅移动1米左右。其中巨大的复合型新月形沙丘链，年移动速度不到1米。而类似甘肃敦煌县的高大的鸣金山金字塔形沙丘，基本上不移动。

影响沙丘移动的一个最主要因素是植被条件。当沙丘植物覆盖面积占沙丘面积的大部分后，由于植物枝叶削弱气流的作用，可使贴近地面的风力明显减小到起沙风速以下，这样沙丘不仅不再流动，而且还能堆积其他处飞来的流沙。

（三）沙地性质

1.沙地机械组成

沙粒各种粒级的比例，决定着植物的矿物养分条件、沙地的物理性质和水分状况。

沙地中细粒（粉沙、黏粒）愈多，沙地肥力愈好。细粒多少决定沙地的来源。一般由水的沉积作用而形成的沙地，细粒多，潜在肥力较好。来源于岩石风化、风扬搬运后的沙地，细粒少，肥力差。

由水沉积的沙地机械组成、黏质间层的排列情况和它的深浅，又决定着沙地的肥力状况和利用价值。例如，群众把上覆薄层沙粒，在作物根系分布层又有黏质间层的沙地称“蒙金地”，能保肥、保水，是价值较高的农、牧、林业用地。

2.沙地的矿物成分

各种不同类型的沙地有着不同的矿物成分，但以石英粒含量大，一般可达90%~98%，它难溶于水，其成分不是植物生长所必需的营养元素，因此纯净的石英沙地往往是最贫瘠的沙地，相反，其他矿物成分如长石、方解石、碳酸盐、氧化钙较多时，沙地肥力状况就得以改善。

沙地的化学成分，主要根据可被植物吸收的可溶性矿物微粒的多少和性质而定。可溶性物质的多少与沙地发生类型和淋洗程度有关。在降雨量大的地区，沙地可溶性物质数量少。内陆沙地，由于淋洗过程弱，物理风化作用强，可溶性矿物（化学成分）比较丰富，天然肥力较高，所以经常采用沙地水浸提液的化学成分作为分析材料，由其中所含可溶性盐类性质和数量，确定某一沙地中可被植物利用的可溶性物质是否够用，以及又有哪些是对植物有害物质，如氯化钠、硫酸钠等，以便正确编制改造和利用沙地的措施。

我国草原地带和半荒漠地带各沙地水浸提液的分析资料载，在流动沙丘上水溶性矿物总盐量不超过0.05%，干残余物一般不超过0.04%。这些材料说明在流动沙丘上盐渍化特征不大对栽培植物是有利的。在荒漠

及半荒漠地区的沙丘丘间低地，以及低凹的湖盆边缘的沙地盐渍化程度都较严重。

从植物生活所需要的主要营养元素，氮、磷、钾等元素分析来看，沙丘和被植物初步固定的沙地最缺乏的是氮素，经分析，沙丘上的腐殖质含量仅为0.021%～0.048%，这种营养状况使许多植物不能生长或生长极缓慢，唯有豆科植物和能依靠根瘤菌固定空气中氮素的少数植物能生长。

3.沙地物理性质与水分

沙地具有结构疏松、结持力很弱的特点。其矿物组成又多为石英，石英的比热最小，导热度大，因此，沙地特有的温度条件，冷热变化迅速，昼夜温差较大，但夜间转白天或冬季转到春季时地温回升快，解冻早。

沙地的总孔隙度不大，但非毛管孔隙较为发达，毛管孔隙性能弱。因此，沙地具有渗水性强、持水性弱、通气良好的特性。

沙地水分状况是栽培植物成活的关键之一。裸露的流沙地,可吸收全部降雨,甚至暴雨的全部水量且不易形成径流，若沙地下面黏质间层较浅，则自然贮蓄成为可供植物生长的地下水，沙地的毛细管作用微弱,减少了水分蒸发,可保持沙地内部湿润。一般干沙层厚度20～40厘米，沙地还有较丰富的凝结水，提供了沙地植物生长的水分条件。

不同地带的沙地水分含量有很大差别，如在半荒漠地带中卫沙坡头细粒沙地，一般情况下，在20厘米层内含水量小于1%，40厘米层内含水量1%～2%，40厘米以下为稳定湿沙层含水量2%～3%。草原地带榆林细粒沙地6—8月份沙层湿度较高，在表层干沙层以下沙地含水量可达3%～4%，其原因在于榆林降雨比沙坡头多1倍左右。由上述资料可见，在半荒漠地带沙地2%～3%的稳定湿度仅够一般沙生、旱生植物生长的需要，同时林木必须深植在稳定湿沙层才能成活。在干旱沙地上造林时，一般需水量较大的乔木树种只能依靠有经常补给的地下水才能成活。

二、治沙造林成效及综合治沙经验

（一）治沙成效

我国风沙区的防风治沙治碱造林，40多年来在规模、数量、质量上均取得显著成绩。截至1995年，风沙区造林保存面积142万公顷，除农田防护林和一部分草原造林，大部分是固沙造林，对改善沙区风沙、干旱、盐碱的恶劣生态条件，促进农林牧的全面发展，提高沙区群众的生活都起到积极的作用。如陕西省榆林地区30多年来营造固沙林66.7万公顷，61%的流沙已经固定，保护农田、牧场各6.7万公顷，并新辟农田3.5万公顷。榆林蟒坑村原有耕地104.7万公顷，四周被沙包围，风沙危害严重，1970年在农田和流沙交界处，营造防沙林带8千米，在农田上造18条护田林网，在流动沙丘上造沙柳固沙林。加上农业措施，至1978年粮食产量达到11.6万千克，相当于1970年的3倍多。沙区造林，亦是沙区群众脱贫致富的途径。以河南省尉氏县为例，该县流沙地营造的刺槐、紫穗槐成林后，不仅扩大了耕地，小麦免受沙打、沙压和干热风的危害，使小麦总产量增长3倍，养猪头数由6万头发展到19万头，家兔从无发展到40万只，还发展了养蜂业。0.3万公顷紫穗槐条子林，年产条1000万千克，条编副业蓬勃兴起。全县木材蓄积量80万立方米，每年采伐木材3万～5万立方米，农村用材自给有余使农林牧业的发展，处在良性循环之中。

现在，我国的治沙造林工作已进入国际的先进行列。各风沙区在造林前进行科学的造林设计和具有切实可行治沙造林配套技术实施方案，选用了适宜当地的优良乔、灌、草种。

通过长期定位研究，提出了恢复荒漠河谷胡杨林、荒漠平原柽柳林和荒漠戈壁梭梭林的有效措施，建立了小网格窄林带林网、防风固沙林带、封沙育草沉沙带的网、带、片三者相结合的绿洲稳定生态系统。陕西榆林地区、内蒙古鄂尔多斯市等地，近年来，连续飞播固沙造林8.7万公顷，成功地固定了大面积流沙；我国通过腾格里沙漠的包兰铁路，

在铁路两侧的流沙上进行了灌溉和非灌溉造林固沙，确保了火车畅通无阻，获得世人惊叹的治沙成就。经过长期摸索，确立了“宜乔则乔、宜灌则灌、宜草则草”或乔灌草相结合的造林原则，以及“先易后难，由近及远”的固沙造林步骤。在固沙造林难度大的干旱半干旱地区，对流沙采用综合治理措施，即“工程治理与植物固沙”相结合，建立人工植被与保护天然植被并重，造、育、护兼顾，以育、护为当务之急等成功的实施原则。

（二）重点沙区综合治理经验

1.陕北榆林地区、内蒙古鄂尔多斯市等地治沙经验

这一地区毛乌素沙地治沙造林是我国较有成效的地区之一。特点是：第一，集中成片治沙造林，包围、分割流动沙丘，治理一片，巩固一片。第二，总结当地群众经验与吸取国内外的经验，采用多种人工固沙造林方法，飞机播种、引水拉沙造田、封沙育草育林等多种措施，实行综合治理。第三，以植物治沙为主，并由以乔木为主转为以灌木为主、乔灌草相结合。现将这一地区的群众治沙造林经验、飞播造林分述如下：

（1）群众治沙造林经验

沙区群众在治沙造林实践中，运用固、撵、拉、挡等措施，因地制宜地创造出许多固沙林配置方式。他们根据沙丘起伏、大小、密度、丘间地可利用程度和沙地立地条件的好坏，本着先易后难和经济有效的原则，首先选择沙丘迎风坡下部和丘间地作为突破点进行造林。

沙湾造林沙湾即流动沙丘的丘间低地，一般水土条件比沙丘优越，风蚀轻，可不必设置沙障而直接造林治沙。沙湾造林是利用丘间低地人工林促进风力拉削沙丘，导沙入林，第二年再在沙丘前移后新出现的丘间地（群众叫退沙畔），逐年追击造林，使流动沙丘逐渐被消灭在林内，沙丘变成起伏不大的波状沙地。沙湾造林，在靠沙丘背风坡的丘间地，应留出一段空地，其宽度根据沙丘高低和沙丘年前移动速度以及林木高

生长的快慢来测算。如鄂尔多斯市地区高3米以下的沙丘移动快，春季造林留出6～7米，秋季造林留出10～11米。3～7米高的中型沙丘，春季造林留出3～4米，秋季造林留出7～8米。乔、灌、草结合，是沙湾造林的长期实践中得出的可贵经验，鄂尔多斯市鄂托克旗羊城的做法是：距沙丘背风坡脚留出沙压带3～5米后，开始插若干行沙柳，在下风侧再栽几行乔木，林下种草苜蓿，次年在沙丘前移退出的退沙畔再造乔、灌木林和种牧草。这样连续造林种草3～4次，就可将沙丘拉平。对一个流动沙丘来说，前后的丘间低地都造林后，也即形成了“前挡后拉”的固沙造林方法。

撵沙腾地，腾地造林，引沙入林，以林固沙撵沙腾地是内蒙古杭锦后旗林业劳动模范牛二旦创造的造林方法。其措施是：第一，在沙丘迎风坡基部犁耕，人工促进风蚀。第二，在丘间低地造林和引水灌沙、封沙育草，加大地表的粗糙度，引沙入林，使沙子在林内堆积，既能保墒，又防止次生盐渍化。这种方法事实上也是沙湾造林，是在退沙畔跟踪栽植治沙方法的一种改进，在迎风坡基部用犁耕促进风蚀，加速丘间低地退沙畔的出现。所用树种为乔木用材林和经济林，适于沙丘不高、水分条件较好的地区采用。

又固又放是固定一部分流动沙丘，让另一部分沙丘继续流动。即在一排排的流动沙丘中，选定奇数排（或偶数排）沙丘作为需要固定的沙丘，用设沙障和造林的方法迅速地固定起来，不让其继续流动；而对其余偶数排（或奇数排）沙丘，不仅不加任何固沙措施，反而用清除天然植被，使其迅速移动。几年后，让其移动的沙丘移动到被固定的沙丘位置，增大了沙丘的高度和体积，扩大了平坦的丘间低地。这种方法主要适用于湖盆滩地边缘地带，沙丘较小，移动速度较快的新月形沙丘链。陕北省榆林市海流滩村用这种造林方法，将丘间地逐渐扩大连片后，开辟出农田和果园，把沙地变成稳产高产田。

沙丘迎风坡中下部营造灌木林与丘间低地营造乔、灌木林相结合是榆林地区较为普遍采用的方法。在流动沙丘迎风坡中下部位面对主风方向，成行营造沙柳，同时在湿润的沙湾中根据水分条件分别营造乔木林、乔灌混交林或灌木林。在湿润的沙湾中，以杨树与沙棘混交林为最好；在湿润的沙湾中（夏季不积水），樟子松、油松生长良好；在干瘠的沙湾中，踏郎、紫穗槐等为优。这种方法，能使沙丘短期内固定。

（2）飞播固沙造林

飞播固沙造林，具有速度快、用工少、成本低的特点，在造林人员难以进入的偏僻流沙地段，其重要性更为突出。

我国进行飞播固沙造林的试验，最先是在干旱草原地带的榆林沙区，以1958年起连续六次在流沙上飞播过沙蒿、草木樨、柠条和花棒等，均未达到预期效果而中断。1974年重新开展了飞播试验，历时8年，在如何提高飞播成效关键问题上摸索和积累了一套比较系统的经验，获得突破性进展，对干旱草原地带固沙造林和恢复沙化土地起了示范和推动的作用。现在榆林、内蒙古鄂尔多斯市及东北草原地带的飞播固沙造林种草技术已在生产上应用，国家和地方进行投资飞播固沙面积不断扩大，面积已达10万公顷以上。在年降水量250毫米的半荒漠地区，腾格里沙漠东缘，阿拉善左旗的平缓起伏有稀疏植被的沙地，1981年飞播籽蒿、沙拐枣也取得成功。

在新疆北疆虽属干旱荒漠区，但夏雨和冬春降雪约各占全年降水量的一半，在春雪融化时，某些年份在沙质或石砾荒漠飞播梭梭，也有成功的例子。半荒漠和荒漠地带进行飞播虽有成功的先例，但各方面的限制条件更为苛刻，局限性大，目前仍处在试验阶段。但飞播固沙造林在年降水量400毫米左右的干旱草原地带，只要能正确选择植物种和选种适宜的沙地类型，在气候正常年份，只要掌握好播期、播量以及飞播技术等，取得好的飞播效果，是完全可能的。但各项技术环节均不可忽视，其中尤为重要的是飞播植物种的选择。

飞播固沙植物种应具有抗风蚀、耐沙埋、生长快、自繁力强等特点，并兼有较高的经济价值。经过长期试验认为，在干旱草原地带最适宜流动沙地上飞播的固沙植物种有踏郎、花棒、籽蒿、沙打旺等。而花棒具有单株散生生长的特性，只能作为伴生植物种选用；籽蒿可作为保护飞播目的种参与混播；沙打旺是沙盖黄土梁和开阔丘间地上飞播的优良种；踏郎是固定沙丘的最佳物种，其种子扁平，播后较少发生位移，容易自然覆沙，种子一旦遇到适度降雨，便能迅速萌发扎根。

1977年在榆林西沙丘中等高度（7～10米）的新月形沙丘链飞播踏浪，当年保存面积率为37.7%（沙丘背风和副梁背风坡无苗）。幼苗在沙丘上着生的部位，主要在沙丘迎风坡，呈横向带状分布，其宽度和长度取决于迎风坡上风蚀、积沙的不同特征，在平台状的迎风坡上，有时会出现两条横向幼苗带。另外，幼苗在风蚀较轻的沙丘副梁上，呈纵向带状分布。但是，在以后的3～4年中，飞播林地由于风和植被的消长作用，幼林保存面积率和沙地地形都发生剧烈的变化，逐年下降地保存面积率，第三年仅存17.4%。这时，在迎风坡上，林地前缘出现风蚀基线，缓慢前移，侵蚀林地。林地的后缘，亦被风蚀。因此林地前后被夹击，切割成带状或孤岛状。但当边缘被风蚀的同时，林内却不断积沙，并伴随着天然植被沙蒿、棉蓬、白草的侵入，踏郎植株也生长旺盛，单位面积上的密度和高度加大，逐步增强了整体的防风效应。表现在丘顶不断被削平，原来凹形的背风坡，成为“舌状”往前推进，沙丘高度逐年明显降低，迎风坡坡面支离破碎，幼林保存面积缩小。但是定居下来的飞播踏郎，为自身创造了沙埋的适生条件，成为向外扩张的基地。有的踏郎第二年开始结实，林地周围出现稀少的实生苗，更重要的是踏郎有串茎萌生的能力。1977年飞播的踏郎林地，1987—1988年，踏郎群体仍以每年1.6米的距离向外扩张。向外延伸的地茎，有的每条能萌生5～6株。这就是飞播踏郎林地3～4年后保存面积率开始回升和扩大的原因所在。到1986年调查，保存面积率已由播后第三年的最低点17.4%增大到60%

以上。原来明显的风蚀槽，又被萌生踏浪占据，并积沙。沙丘“舌状”前移，越过丘间地与后一沙丘迎风坡的林地相接。除个别沙丘部位外，植被已完全连成片。这时林地内早已逐步出现大面积的苔藓、枯枝落叶等结皮层，约1厘米厚。上述是中等高度新月形沙丘链，飞播踏郎后不足10年的时间，成为固定沙地的过程。若在适于飞播的平缓流动沙地，单播踏郎或踏郎、籽蒿、沙打旺混播，则第二年就能把流沙固定，在榆林地区和伊克昭盟（今鄂尔多斯市）毛乌素沙地，这类成功的例子很多。

飞播后的林草地，沙丘地形已被改造，沙地的理化性质得到了改善，林地黏粒的含量比流沙地增加2.5 ~ 3.8倍，有机质含量增加29.1 ~ 39.5倍。由于生态环境的变化，特别在迎风坡上部被吹平的部位，水分条件好，又无风蚀危害，是飞播林进行多层次建设，营造小面积乔木林的理想地段。

目前飞播林地仍以封禁为主，如何对林地进一步建设和综合利用，还处在试验探索的阶段。但飞播的经济、生态和社会的明显效益，已被人们所公认。据榆林小纪汗播区，播后第二年的调查资料，踏郎地上部分生物量3480千克/公顷，按每只羊每年食草1095千克计算，0.3公顷就可养1只羊。据内蒙古鄂尔多斯市台格庙1978年播区，1980年调查，3年后种子及饲草平均收入404.55元/公顷，当时投资66元/公顷，为投资的6.3倍。1978—1981年，内蒙古乌审旗在退化的草场和流沙地上，飞播踏郎、花棒、籽蒿等灌草2.13万公顷，1981年遇到了旱年，饲草严重匮乏，数万头牲畜不得不进入封禁的播区，虽然对幼林有所影响，但从死亡线上挽救了大量牲畜。显然，飞播造林种草将为治理流沙、恢复沙化土地和改良退化草场开创新局面，做出重要贡献。

2.章古台流沙地综合治理经验

辽宁省阜新市彰武县古台镇地处科尔沁沙地，是我国流沙地综合治理的典型之一，不仅吸收了群众沙经验，而且通过长期科学实验，总结出综合治理流沙的配套技术。他们大面积治理流沙，除遵循因地制宜、因害设防、适地适树的原则，还提出了以下有效措施：

（1）顺风推进

一是从流沙区的上风方向开始治理，逐渐向下风方向推进；二是从每个沙丘迎风坡的中、下部开始固沙，随着沙丘顶部向下风方向移动，撵着“退沙畔”治理。

（2）前挡后拉

即在流动沙丘背风坡附近，留出一定宽度的沙埋地，在丘间地栽植适宜的乔灌木树种，作为“前挡”。同时采用灌木固定每个流动沙丘迎风坡，以及借风力削平丘顶部分，作为“后拉”。实质是一种“分割造林”的方法。

（3）削顶缓坡（削顶固身）

将7米以上的大沙丘空留出二分之一的丘顶，4～7米的中沙丘空出三分之一的丘顶，在空出部分以下迎风坡固沙。随着丘顶部位为风削平，顺次在凹下部分固沙逐步将地势相对拉低。

（4）以灌木固沙为主，沙障为辅

即主要用灌木固沙，采用的种有黄柳、小叶锦鸡儿、胡枝子、紫穗槐。部分风蚀严重地带以差巴戛蒿为活“篱墙”或平铺草（柳条），保护固沙灌木

（5）人工固沙地造林

由沙地的贫瘠所决定，目前适于人工固沙地造林的树种，仅有樟子松、油松和赤松，其中以樟子松为最好。

人工固沙地造林通常在灌木“篱墙”丛生之后，流沙基本固定时进行。具体做法是在灌丛带间，稍靠近灌木带一侧，栽植2年生换床松苗，同时在有被风蚀沙割地段用平铺草保护松苗。

采用以上的综合固沙方法具有两个特点：第一，以林木为主体的固沙措施具有持久、稳定的效益，既可防护、改土，又能经济利用沙地，

是一种除害兴利的有效措施；第二，采用灌木与沙障、固沙与造林结合的办法，将高大沙丘借风力予以拉低，在8～10年内，使沙地植被从沙生灌木阶段一直“演替”到乔木阶段，从而达到改造沙荒、利用沙荒的目的。

3.绿洲防护林体系的建立

新疆、甘肃河西走廊、内蒙古西部以及青海柴达木盆地的边缘，都有不少的绿洲。这些绿洲是引自天山、祁连山等高山冰雪融化而形成的水源，采用灌溉的方法建立了农业，种植了树木，建设了居民点。风沙和干热风的危害，是绿洲农业减产低产的根源。为克服风沙的干热风的危害，确保绿洲农业稳产、高产，必须建立绿洲防护林体系。

绿洲防护林体系，主要是在紧邻农业绿洲外围的沙漠边缘地带，建立绿洲外围的灌草固沙带、沙漠边缘阻沙林带和绿洲内部的护田林网等。

绿洲外围的成片固沙林，是使绿洲和绿洲周围的防护林带免遭沙压沙埋的保障，是保卫绿洲的第一道屏障。固沙林可以通过营造沙拐枣、梭梭等灌木来形成，也可以采用引水灌沙、封沙育草等办法来形成。固沙林应当是越宽越好，其最小宽度应不低于200米。

防风阻沙林带，在绿洲周围，农田与沙漠、戈壁的交界处营造，这是保卫绿洲的第二道屏障。林带的宽度可因地制宜，视农田与沙漠之间的空地宽度和水源条件而定。如果某一段有宽的空地，而且水源充足，就可宽些，可以营造中间有间距的多带式防沙林带间距50～100米，总带宽500～1000米；若空地较少，就可窄些，但最窄不应小于10行树。

护田林网，沿灌溉渠道和田间道路营造。这是绿洲防护林体系的主体，在减免风沙及干热风危害、改善田间小气候中起着直接的作用。

第五章　现代林业资源经营管理

第一节　林业资源经营管理的必要性

一、森林资源的概念

按照《森林法》："森林资源包括森林、林木、林地以及依托森林、林木、林地生存的野生动物、植物和微生物。"1994年以前规定郁闭度0.3以上（不包括0.3）为有林地，1994年以后规定郁闭度0.2及其以上为有林地，且有面积要求，天然林面积0.1公顷以上，人工林1亩（0.067公顷）以上。

二、林业生产的特点

（一）林业生产地域的辽阔性

林业生产与工业生产、农业生产不同，其经营地域非常辽阔，有山区、丘陵、平原，不同的地形有着不同的自然地理条件和森林植被条

件。这就决定着林业生产，应根据各地的自然和森林资源条件，采取不同的经营技术措施，因地制宜、适地适树。为此，必须对林业的经营对象林地和林木进行分类区划、规划，以便从空间上合理安排林业生产，实现林业生产要素在空间上的最优配置。

（二）森林资源的可再生性

森林资源是一种可再生资源，只要利用得当，可以持续再生，但如果人类对森林资源的利用超过了其自身的恢复能力，森林资源也可能变成不可再生的资源，甚至消失。决定森林资源持续再生的关键是正确处理好生长量、蓄积量和采伐量之间的关系。蓄积量是生长量的积累，没有一定的蓄积量就不能保证足够的生长量。采伐量是调整生长量和蓄积量的重要因素，采伐量超过了生长量，蓄积量不但不能增加，反而越采越少，因此，必须制定合理的森林采伐量，并根据森林资源的变化，及时调整森林采伐量。而要做到正确的森林采伐量，就应该调查森林生长量和蓄积量及其变化趋势，这就需要森林资源调查、监测。

（三）森林功能的多样性

随着科学技术和人类对森林认识的不断提高，森林功能多样性已经被人们所认识。森林不仅能提供木材和多种林副产品，而且具有多种生态价值和社会价值，即森林的生态、经济和社会效益。但由于森林所处的地理位置和社会经济发展对森林的生态环境要求不同，其在国民经济发展中主导地位也不尽相同，这就是所谓的林种不同，因此，要进行林种划分。再者，不同的林种有着不同的营林技术要求，这就需要根据不同的林种编制森林经营方案，只有这样才能实现科学经营。

（四）林业生产周期的长期性

林业生产周期短的需要5～6年，长的需要十几年甚至几十年。在这漫长的时间内，森林处在不同的生长阶段，有着不同的生长特点，需要不同的营林技术措施，因此，林业生产从开始就要有计划，即编制森林经营方案①。

（五）林业生产的社会性

林业生产不仅能生产各种有形产品——木材、林副产品，而且能生产各种无形产品——生态效益、文化价值。森林生产的有形产品可以通过市场交换实现其价值回报，而其无形产品不能完全进入市场实现价值回报。但森林所产生的各种生态效益不具排他性，不可能被林业部门所独有，而是被全社会所共享，也就是森林生态效益的外溢性，这就决定了林业是社会公益事业，社会公益事业就需要全社会来共同扶持和发展。因此，应根据林业生产“产品”的双重属性，采取不同的经营管理措施。

（六）森林成熟的不明显性

森林成熟和农作物、果木成熟不同，农作物和果木成熟一般都有明显的外在标志如颜色等，而森林成熟则不然，没有明显的外在标志；再者，森林在不同生长发育阶段都有经济效益、生态效益和社会效益，都存在有满足这些功能的最佳时期即森林成熟期，它是确定森林经营周期的重要依据。

综合以上林业生产的特点及其产生的一系列林业生产实际问题，说明林业生产不仅涉及林学技术问题，而且也涉及经济问题，这些问题都需要专门的技术和工作去解决，森林资源经营管理学提出了解决这些问题的技术和方法。

三、森林资源经营管理的任务

分析林业生产的特点及其产生的一系列林业生产问题可以得出，森林资源经营管理的任务是：森林区划、调查、分析、评价，森林经营方案编制、执行、检查、修订，森林资源信息管理等。

①邓必平．任务驱动式项目教学法在“森林资源经营管理”课程教学中的探索与应用[J]．现代园艺，2023，46(19)：166-168，171.

四、森林资源经营管理的目的

森林资源经营管理的目的就是在具体的森林经营单位内，以森林资源为经营对象，通过合理经营、科学管理，使之能够最大限度地发挥森林的经济效益、社会效益和生态效益，实现森林资源的可持续经营。

第二节　森林的区划与调查

一、森林区划的目的和意义

林业区划是综合农业区划的一个组成部分，它是根据自然条件、社会经济条件和森林资源及林业生产的特点，对林业进行的地理分区，确定总体和分区林业发展的方向、战略目标和重点，林业方针和重要措施。其目的是为调整林业生产布局，建立合理的生产结构，推广先进技术，实施分类指导提供依据。

森林区划则是林业局（场）内部的区划，将基层林业生产单位区划为若干个不同的单位，以便合理地经营。它是森林经营管理工作的重要内容之一，也是调查规划的基础工作，合理的区划对森林资源调查、统计和分析，森林经营单位的组织，森林经营活动效果评价，提高森林经营水平以及各种技术、经济核算等都具有重要的意义[①]。

林业区划具有相对的稳定性，而森林区划则具有可变性。

二、森林区划（调查区划）

（一）森林区划系统

国有林场：国有林场—分场（营林区或作业区）—林班—小班。

集体林区：县—乡—村—林班—小班。

①郑刚，卞亚文，戎慧．基于国土三调及其变更调查数据的江苏省林地范围内小班优化更新方法探析[J]．南方农业，2022，16(20)：122-126，130.

森林公园区划：森林公园—景区—景点。

自然保护区一般划分为：核心区—缓冲区—实验区。

（二）森林区划单位

1.林班区划

林班是在林场范围内，为了便于森林资源统计和经营管理，将林地划分成许多面积大小比较一致的基本单位。林班为面积区划单位，具有相对的永久性。区划方法：①人工区划。人工伐开林班界，面积大小比较一致，便于识别方向和资源统计；缺点是伐开林班界造成林木资源损失，用工量较大，不适用于地形起伏较大的林区。②自然区划。利用自然地形如道路、河流、山脊、山谷等作为林班界，林班面积大小不一致。③综合区划。结合人工区划和自然区划的优点，先自然区划再人工区划。

2.小班区划

小班是林场内最基本的森林区划单位，它是在林班内根据经营要求和林学特征而划出的不同地段（林地或非林地）。在每个小班内应该具有相同的经营目的、树种、自然条件等，并与其周边小班有显著差别。

划分小班的具体条件有：权属、土地类别、林种、优势树种或优势树种组、龄级或龄组、郁闭度（疏密度）、林型或立地条件类型、地位级或立地指数、林分起源、坡度级、出材率等级等。

（1）权属

权属包括所有权和使用权（经营权），分林地所有权、林地使用权和林木所有权、林木使用权。

（2）土地类别

分为林业用地和非林业用地，林业用地分为八大地类：①有林地，连续面积大于0.067公顷，附着有森林植被，郁闭度大于等于0.2或人工幼林每公顷株数达合理株数80%以上，且幼树分布均匀的林地，包括乔木林和竹林。乔木林又分纯林（蓄积或株数组成系数达65%以上）和混

交林。②疏林地，连续面积大于0.067公顷，附着有乔木树种，郁闭度在0.1～0.19之间的林地。③未成林地，包括人工未成林地和封育未成林地。人工未成林地：人工造林1～3年，飞播造林1～5年，造林成活率在85%以上或保存率80%以上，分布均匀，尚未郁闭但有成林希望的林地。竹林和经济林不划分未成林地。封育未成林地，采取封育或人工促进天然更新后1～3年，天然更新等级中等以上，尚未郁闭但有成林希望的林地。④灌木林地，面积大于0.067公顷，附着有灌木树种或因环境恶劣矮化成灌木型的乔木树种以及胸径小于2厘米的杂竹丛，覆盖度在30%以上，以经营灌木林为目的或起防护作用的林地。包括国家特别规定的灌木林地和一般灌木林地。⑤苗圃地，固定的林木、花卉育苗用地。⑥无立木林地，采伐迹地、火烧迹地和其他无立木林地。采伐或火灾后两年内，保留木达不到疏林地、未成林地标准的林地。⑦宜林地，宜林荒山荒地、宜林沙荒地、其他宜林地。未达到上述所有林地类型的林地。⑧辅助生产用地，直接为林业服务的工程设施与配套设施用地以及其他林地权属证明的土地。包括：培育、生产种子和苗木的林地；储存种子、苗木、木材和其他生产资料的设施用地；集材道、运材道；科研、试验、示范基地；野生动植物保护、护林管理、森林病虫害防治、森林防火、木材检疫设施用地；供电、供水、供气等设施用地。

（3）林种

有林地、疏林地和灌木林地根据经营目标不同划分为5个林种、22个亚林种。

小班面积要求：公益林小班区划起始面积为1公顷，最大不超过35公顷；商品林小班起始面积1：10000地形图为0.4公顷，1：25000地形图为1公顷，最大不超过20公顷。

在外业调查时，可按区划调查顺序编写临时小班号，并标注地类或优势树种（组）符号有林地标注优势树种（组）符号，其他地类标注地类号。

一个行政村（林班）区划调查结束后，按自上而下、从左到右顺序连续编写正式小班号。

3. 森林公园

森林公园是指以森林资源为依托，具有一定规模和质量的自然景观与人文景观，按法定程序批准，供人们游憩、健身或进行科学研究、文化教育等活动的地域。

4. 景区

在森林公园内，为便于森林旅游管理和组织游览，根据风景特点与分布状况及使用功能而区划的地域空间。

5. 景点

在森林公园内，任何一个可供旅游者或来访游客参观游览或开展其他休闲活动的场所都可以称为旅游景点。

6. 自然保护区区划

自然保护区指对有代表性的自然生态系统、珍稀濒危野生动植物物种的天然集中分布区，有特殊意义的自然遗迹等保护对象所在的陆地、陆地水体或海域，依法划出一定面积予以特殊保护和管理的区域。

三、经营单位的组织（经营区划）

（一）经营单位的概念

森林区划只是对林区的面积做了地域上的划分，还不能满足组织森林经营的需要。因为，在一个林业局或林场范围内，由于森林类型和自然条件的不同，其各个组成部分的经济意义和森林资源组成、结构往往多种多样，因而，它们的经营方针、目的和经营制度也不会相同，所以，有必要根据森林在国民经济中发挥的作用、目的以及经营利用措施的要求，将小班（林分或林地）分别组成一些单位，形成一套完整的经营体系，以便因地制宜、因林制宜，分别对待。

森林经营单位一般指林种区和经营类型（作业级），在森林经营水平较高的地区，也可以是经营小班。

（二）经营区划单位

1.林种区

林种区是在林业局或林场范围内在地域上一般相连，经营方向相同，林种相同，以林班线为界的地域范围。

2.经营类型

经营类型是在同一林种区内，由一些在地域上不一定相连，但立地条件相似，经营目的和经营措施相同的许多小班的组合。经营类型划分好后就可以实行一整套经营技术体系，包括经营目的、经营周期、经营措施，简称“经营三要素”。

经营类型的适用对象是同龄林，作业法为皆伐作业，经营周期为轮伐期，更新方式为人工更新，形成新的林分仍为同龄林。

划分经营类型的依据是树种、立地条件、森林起源和经营目的。森林经营类型的个数受森林资源的复杂程度、经营水平以及经济条件影响。

3.经营小班

经营小班是以一个或几个在地域上相连的小班为单位组成的一种经营单位。其立地条件更加相似，经营目的和措施也是一致的。

以小班为经营单位的一般要求经营技术水平较高，且规划、实施等投入较大，目前，在我国大面积推广还不实际。在林业生产实际中，集约栽培的经济林和竹林基本上做到小班经营法。经营小班既适合于同龄林，又适合于异龄林。

四、森林资源调查的目的和意义

森林资源调查的目的是查清调查区域内森林资源的面积、蓄积、生长量、消耗量及其变化规律等。其意义在于：为国家制定计划或规划、方针、政策提供依据；为基础林业生产单位的长、中、短或年度计划以及检查评定森林经营效果和计划执行情况提供依据。

五、森林资源调查体系

我国目前采取的是三级森林资源调查体系即一类调查、二类调查和作业设计调查。

（一）一类调查也称森林资源连续清查

一类调查的特点是：调查的区域单位为全国或大区域；目的是掌握全国的森林资源的面积、蓄积、生长量、消耗量及其变化规律；资源落实的空间单位为省或大区域；意义在于为国家制定或调整林业方针政策、规划、计划提供依据。调查方法为系统（机械）布设固定样地调查，调查间隔期为5年。

一类调查采用系统抽样的方法在全国范围内布设样地，具体做法是在1∶50000地形图的公路网交叉点上布置固定样地，间隔2千米×2千米、3千米×4千米、8千米×8千米，根据要求再增加一些临时样地，样地形状为矩形或圆形，面积0.0667公顷。安徽省样点布设东西间距4千米，南北间距3千米，样地正方形、面积0.0667公顷。全省共设固定样地11678个。

按照国家森林资源连续清查主要技术规定要求进行调查。森林资源连续清查报告均由各大林业调查规划设计院完成，安徽省由华东森林资源监测中心完成。

（二）二类调查也称森林经理调查

1.二类调查的特点

调查对象是林业局、林场等基层林业生产单位；主要任务是查清森林资源的种类、数量、质量、消长规律、立地条件及评价等；资源落实的空间单位是小班；目的为编制和修订森林经营方案提供依据；方法为小班调查，间隔期一般为10年，称为“经理期”。

2.二类调查的内容

森林资源二类调查的主要内容有林业生产条件（自然、社会经济、经营历史）调查、专业调查、小班调查、多资源调查。

3. 小班调查内容

小班调查内容包括地况因子、林况因子及其他因子三部分。

（1）空间位置

调查记载小班所在县（市、区）、乡（镇、林场）、行政村（林班）、村民组、小地名等。填写时一律用汉字加代码，县乡代码以森林分类经营确定的代码为准，行政村（林班）代码以乡（镇、林场）为单位按顺序编写。小地名据实填写不编代码。

（2）地况因子

调查记载每个小班的地貌、海拔、坡度、坡向、土壤种类、土层厚度、植被建群种等。填写时用汉字加代码，海拔高、土层厚度和植被高度据实填写，植被建群种据实填写、不加代码。

（3）小班号

临时小班号以外业调查时的先后顺序编号填写；正式小班号在外业调查结束后，以行政村（林班）为单位，按小班从上到下从左到右的要求统一编号填写。副小班编号按正小班号后加短横线和副小班序号填写。

（4）小班面积

以公顷为单位，保留一位小数。正小班面积不含副小班面积；树种混交时，小班面积为主要树种面积，次要树种面积不填。

（5）森林类别

分为生态公益林和商品林两类，以汉字简称加代码填写，副小班的森林类别与正小班一致。

（6）事权

生态公益林分为国家级、地方级，可在森林类别栏内以汉字简称加代码填写。

（7）保护等级

生态公益林按特殊保护、重点保护和一般保护调查记载，以汉字简称加代码填写。

（8）工程类别

分别为退耕还林工程、长江中下游等重点地区防护林（淮河防护林）建设工程、野生动植物保护和自然保护区建设工程、速生丰产用材林建设工程、其他工程（如世行贷款项目、中德合作长江防护林建设工程等），填写汉字简称加代码。

（9）权属

分别为土地使用权、林木使用权调查记载，以汉字简称加代码填写。其中，“个人”是指自留山、责任山经营形式，“其他”是指除“个人”外的其他非公有制经营形式

（10）地类

依现况地类按最后一级地类简称加代码填写。

（11）林种

有林地、疏林地和灌木林地按林种划分技术标准调查确定，记载到亚林种，以汉字简称加代码填写。

（12）起源

分别以人工、天然、飞播三种形成方式调查记载，以汉字简称加代码填写。

（13）优势树种（组）

按优势树种（组）划分标准，分别以汉字简称加代码填写。

（14）树种组成

由两个树种（组）组成，其优势树种（组）占65%以上划为纯林，优势树种（组）达不到65%的划分为混交林。树种（组）组成按十分法填写。如某林地十分之六是云南松，十分之四是栎，其林分组成为6松4栎。

（15）平均年龄

按优势树种（组）平均年龄调查，以阿拉伯数字填写。竹林调查填写实际年龄，经济林不填写年龄。

（16）平均胸径

实测3～5株优势树种（组）平均木胸径，取其均值作为小班平均胸径，以2厘米为径阶，取偶整数记载。平均胸径达不到5厘米时，调查记载平均根径，并加括号以示区别。竹类以1厘米为径阶，毛竹起始胸径为3厘米，元杂竹起始胸径为2厘米。

（17）平均树高

实测3～5株优势树种（组）平均树高，取其平均值作为小班平均树高，以“米”为单位，取整数记载。灌木林地设置小样方或样带测算灌木平均高度，以“米”为单位，保留一位小数。竹林、经济林不填写。

（18）郁闭度或覆盖度

有林地小班可通过目测单位面积树冠投影比例确定，取一位小数；对每公顷株数达到初植密度80%以上，且分布均匀的幼林，记载每公顷株数；疏林地郁闭度一律记载为0.1。灌木林地覆盖度用百分比表示。

（19）出材率等级、可及度

用材林、一般生态公益林、近熟林、成熟林和过熟林，按实际调查以汉字简称加代码填写。

（20）生产期

根据经济林四个生产期的划分标准，划定生产期。按实际调查以汉字简称加代码填写。

（21）立地类型

所有调查小班（含副小班）均按实际划分的立地类型，以罗马数字加代码填写。

（22）小班每公顷蓄积量

仅调查记载乔木林或疏林地蓄积，竹林填写株数。一个小班最多填写3个树种（组），以树种简称和代码填写。每公顷蓄积量以“立方米”为单位，保留一位小数，竹类株数保留到10位数。

（23）小班蓄积量

分别有林地、疏林地和散生木（竹）填写。对无蓄积幼林、无立木林地和灌木林地等地类中的散生木、散生竹，分别树种调查胸径5厘米以上立木和3厘米以上立竹总株数、平均胸径，计算小班散生木蓄积和小班散生竹总株数。小班蓄积保留整数，竹类株数保留到10位数。

（24）小班情况记载

记载林地卫生、林木受病虫害和火灾危害、林内枯倒木分布与数量状况等。林木病虫害应调查记载林木病虫害的有无以及病虫害的种类、数量、危害程度、林木损失情况；森林火灾调查记载森林火灾发生的时间、延续时间、扑灭方法、损失面积、损失蓄积等。

4.小班调查方法

（1）目测调查法

可借助角规求得小班的每公顷断面积，用目测或测高器估测林分平均高，查相应的标准表，求得小班每公顷蓄积量。

（2）角规调查法

角规常数的选择应视林木的大小而定。角规点的布设应遵循随机的原则，避免系统误差和林缘误差。

（3）标准地调查法

在小班内设立一定数量有代表性的标准地，或按数理统计的要求布设一定数量的标准地，进行每木调查，利用一元材积表求算每个标准地或样地的材积，并计算小班单位面积蓄积量。

（三）三类调查也称作业设计调查

为具体的作业设计而进行的单项调查，如抚育间伐、更新改造、主伐设计调查等。调查内容有树种、面积、年龄、直径、树高、蓄积等。

第三节　森林成熟与经营周期

一、森林成熟

（一）森林成熟的概念

森林生长周期很长，但每个阶段都有利用价值，只不过其价值大小不同而已，也就是最佳经营状态问题。森林成熟是在林分生长发育过程中，最符合经营目标的状态，而此时的年龄称为森林成熟龄。

（二）几种重要的森林成熟

1.数量成熟

是指林分或林木的材积平均生长量达到最大值时的状态，此时的年龄称为数量成熟龄。如黄庆丰等对怀宁海口镇长江滩地杨树数量成熟龄研究结果表明，高滩杨树的数量成熟龄为7年。

2.工艺成熟

是指林分或林木在正常生长发育过程中，通过皆伐造材，提供目的材种的材积平均生长量达到最大时的状态，此时的年龄称为工艺成熟龄。如黄庆丰等对怀宁海口镇长江滩地杨树工艺成熟龄研究结果表明，高滩杨树的火柴材和经济材工艺成熟龄分别为5年和8年。

工艺成熟是数量成熟的特例，属于数量成熟的范畴，但又不同于数量成熟，数量成熟无论什么立地条件都能达到，只是迟早问题，而工艺成熟并不是所有立地条件都能达到。

3.经济成熟

是指森林在生长发育过程中，货币收入达到最多时的状态。

根据当地木材市场行情，小头直径16厘米以上、材长2.6米或1.3米的胶合板材，每立方米350元；小头直径5～15厘米，材长不限的火柴材，每立方米200元。营林成本3360元/公顷（包括造林、补植和主伐成本)，年管理费60元/公顷。

以上举例说明，影响森林成熟迟早的因素有树种、立地条件、经营目的、经营措施、林分起源、利率等。速生树种、立地条件好的森林成熟来得早，反之就迟；培育胶合板材的森林成熟比培育纸浆林、火柴材林的森林成熟来得迟①。

二、经营周期

森林经营周期是指一定区域内从一次收获到另一次收获之间的间隔期。根据研究对象不同，经营周期分轮伐期和择伐周期（回归年）。森林成熟是确定林分、林木经营周期的基础，除此之外，还要综合考虑树种、立地条件、林分起源、经营水平、木材销路等。

（一）轮伐期

轮伐期是同龄林的经营周期。就一个经营单位——经营类型来讲，轮伐期是指伐尽整个经营单位全部成熟林分之后，到再次可以采伐成熟林分所需要的时间；就一个林分而言，轮伐期就是指造林、成林、采伐、更新所需要的时间。

轮伐期是同龄林的经营周期；适用的作业法为皆伐作业；更新方式为人工更新；形成的林分仍然为同龄林。

轮伐期的确定依据主要是森林成熟和更新期。用材林轮伐期是以工艺成熟为基础，重点考虑经济成熟，适当兼顾数量成熟。高滩杨树胶合板材平均生长量在13年以后增长趋于平缓，13～14年间只增长0.01平方米，因此，高滩杨树主伐年龄上限以14年为宜，高滩杨树在10～14年主伐，不仅可以培育胶合板大径材，而且还可以保证经济效益最高。

（二）择伐周期（回归年）

择伐周期是指在异龄林林分中，采伐符合规定直径大小的林木，通过保留木的继续生长，到林分再次可以采伐同样大小林木所需要的时

①周国逸，陈文静，李琳．成熟森林生态系统土壤有机碳积累：实现碳中和目标的一条重要途径[J]．大气科学学报，2022，45(03)：345-356.

间；或者是林分再次恢复到采伐前单位面积蓄积量所需要的时间。

择伐周期是异龄林的经营周期；适用的作业法为择伐作业；更新方式为天然更新；形成的林分仍然为异龄林。

第四节 森林经营方案

一、森林经营方案的概念与意义

森林经营方案是森林经理工作的主要成果。20世纪50年代时，在我国曾称之为森林施业案，60年代初称之为森林经营利用设计方案，70年代称之为森林经营方案，一直沿用至今。

森林经营方案主要是指林业主管部门、林场和股份制公司等经营管理森林资源的企事业单位的规划设计而言，它是在一定的林业生产条件和对森林资源等进行调查研究的基础上，根据有关林业方针政策，为一个林业主管部门或林场拟定经营方针、经营目标和具体经营措施。森林经营既有长期打算，也有短期安排，如森林作业法、林种规划及树种选择、轮伐期、林区基本建设等的确定都是从长远来考虑的；对短期安排如年伐量、造林等，森林经营方案每10年（一个经理期）编制一次，而后每10年进行一次森林经理复查，在此基础上修订森林经营方案。

根据国家林业和草原局制定的《森林经营方案编制与实施纲要》（试行）：“森林经营方案是指导国营林业局、国有林场保护、发展、合理利用森林资源、实现科学经营、永续利用、提高经营管理水平的总体规划设计文件；是编制中长期计划，组织森林经营，确定森林采伐限额，安排营林生产和投资的依据；是制定考核各级领导干部任期责任森林资源消长目标，实行经营承包制的依据。”

二、国有林场森林经营方案的要点

1.经营方针

经营方针应是林业有关方针、政策的具体化，应结合林场的自然条件、经济条件及森林资源特点和发挥要求加以落实。经营方针是定性的，它规定了方向和道路，是各方面都要贯彻的红线。经营目标是林场在本经理期内应达到的目标，是领导任期责任制考核的依据。经营目标是定量的，是要体现贯彻经营方针后的数量化指标体系。

2.木材生产

包括计算和确定合理采伐量、主伐年龄或轮伐期，确定采伐方式和时空安排等。

3.更新造林

包括更新方式（人工更新、天然更新或促进天然更新）、树种选择、主要技术措施（整地方式、苗木规格与造林密度、造林模型、造林方法、混交方式、混交比、幼林抚育等）。

4.抚育间伐

包括抚育间伐对象、间伐强度、间隔期、间伐方式（上层抚育间伐、下层抚育间伐、综合抚育间伐、机械抚育间伐）等。

5.林分改造

包括林分改造对象、改造方式、树种选择等。

6.森林保护

包括主要护林防火、病虫害防治措施、设备购置等。

7.多种经营

包括多资源的种类、蕴藏量，开发的可行性、规模等。

8.伐区基本建设与附属工程

包括林道、储木场、局、场址、附属工程规划等。

9.组织结构

包括人事安排、职工人数、技术构成等。

10.投资概算、综合效益评价

在每个经理期末要对本经理期实施全部经营措施以后所获得的经济、环境和社会效果进行全面的评价。

以上要点只是针对用材林，且不一定要面面俱到，要把更新造林、抚育、林分改造设计好，这关系到森林资源的持续发展；要根据林场的实际条件，做到重点突出、实事求是、科学性、可操作性强。

生态公益林也需要经营，合理的经营可以提高公益林生态效益，因此，公益林也要编制森林经营方案，但它不同于用材林。

公益林经营方案编制目的是提高公益林生态效益，要在生物多样性和景观多样性保护上做文章，因此，公益林经营方案编制应做好植被恢复、抚育间伐、林分改造、森林保护措施方面的设计工作。目前，国家正在制定两类林森林经营方案编制要点，新一轮森林经营方案编制和修订工作即将展开。

第六章　现代林业灾害防治

第一节　森林植物检疫

森林植物检疫也称法规防治方法，它既是预防森林植物免受某些危险性病虫危害的重要措施，同时也是贯彻“预防为主，综合治理”方针的有力保证。

森林植物检疫是由国家或地方政府颁布法令，设立专门机构，采取一系列措施，对种子、苗木、其他繁殖材料及木材的调运与贸易进行管理，通过控制和检验，来防止危险性病虫及杂草传播蔓延的一种法制性措施。

一、森林植物检疫的意义

森林植物病虫害虽然可以通过气流等自然动力和自身活动扩散，不断扩大其分布范围，但对多数病虫来说，这种能力是有限的，且受高山、海洋、沙漠等天然障碍的阻隔，所以分布是有一定地域性的。随着

国内外贸易的日益发展，附着和潜伏于林木种实苗木、接穗、插条木材及其他林产品上的病虫，不断增加传播机会，它们由一个地区传播到另一个地区，由一个国家传播到另一个国家。当某种病害或虫害传播到一个新的地区后，在有利于其生长发育的条件下，就会迅速繁殖，蔓延成灾。如榆树疫病最初仅在欧洲个别地区流行，以后扩散到意大利、荷兰、加拿大等国，造成榆树大量死亡。

板栗疫病从亚洲传入美国，曾使美国板栗几乎遭到毁灭。日本松干蚧在我国20世纪50年代初只在山东半岛和辽东半岛的局部地区发生，现已扩散到山东、辽宁、浙江、江苏和上海等省市。美国白蛾于1979年在辽宁省丹东市首次发现，至1980年扩散到辽东和辽南地区，1981年传入山东省荣成市，1984年又在陕西省武功地区发现，给林业生产带来新的威胁。落叶松早期落叶病，1945年只在辽宁省草河口林场少数林班中发生，目前已成为整个东北地区落叶松人工林的主要病害，并已扩散到山东半岛。

由于一些病虫害的人为传播，造成严重后果，促使一些国家首先采取植物检疫的措施来保护本国农林业免受危害。如1872年德国，1873年俄国颁布了禁止从国外输入葡萄枝丫的法令；1875年俄国下令禁止从美国进口马铃薯，以防传入马铃薯甲虫。为了使植物检疫工作获得更好的效果，还要求国际间的协作，1881年在柏林签订的《葡萄根瘤蚜公约》是世界上第一个以防止危险性病虫传播为目的的国际公约。随着植物保护科学的发展，人们逐渐认识到针对某种病虫和单纯禁止疫区植物进口是很不够的，因此一些国家开始制定较完善的检疫法规，如1907年英国颁布了“危险病虫法案”，1910年加拿大颁布了“加拿大病虫条例指令”，1912年美国国会通过了“植物检疫法案”，1914年日本制定了“进口植物管翻法”。1951年由联合国粮农组织（FAO）第六次大会正式通过的《国际植物保护公约》，现已为世界各国所承认。

目前，世界上绝大多数国家和地区已制定了植物及其产品检疫的有关规定。

中华人民共和国成立前，我国根本没有切实可行的检疫措施，因而不少从未发生过的病虫传入我国，给农林业生产造成巨大损失。新中国成立后，党和政府非常重视植物检疫工作，1950年改革了上海商品检验局的植物检验工作。1951年制定了《输出输入植物病虫害检验暂行办法》。1952年参加了第六届国际植物检疫及植物保护会议。1953年中央农业部成立了植物检疫处和中央植物检疫实验室，以领导各地检疫机构。1954年公布了《输出输入植物应施检疫种类及检疫对象名单》，并在各省、市、自治区设置了植物检疫机构。1956年在全国范围内进行了病虫普查工作，发现了两种新病虫害，并对葡萄根瘤蚜等30种危险性病虫害进行了对内检疫，1958年公布了《国内植物检疫试行办法》。1960年3月全国森保工作会议提出“关于开展林木种苗病虫害检疫工作的意见”。1964年林业部拟订了《森林植物检疫暂行办法（草案）》和《国内植物检验对象名单（草案）》。1978年1月，农林部拟订了《对外检疫对象名单（草案）》《我国尚未发现或分布不广的危险性林木病虫名单（草案）》《进出口木材、林木种子和苗木检疫操作办法》。1981年成立了中华人民共和国动植物检疫总所，统一管理全国口岸检疫机关和负责对外植物检疫工作。1982年国务院颁布了《进出口动植物检疫条例》，1983年又颁布了《物检疫条例》及林业部公布了《植物检疫条例》的实施细则。我国的对外检疫工作，有效地阻止了国内尚未发生或仅局部分布的多种病虫传入，在保障国内及国际间农林业生产安全方面，在捍卫国家主权、维护国家尊严方面，都起了重大作用①。

二、森林植物检疫的任务

森林植物检疫的任务主要有三个方面：

第一，禁止危险性病、虫和杂草随着森林植物及其产品向国外输入或国内输出；

---

①高鸣晓．辽宁省优化检查站布局强化森林植物检疫职能[J]．国土绿化，2023(08)：46-47.

第二，将国内局部地区已发生的危险性森林植物病、虫和杂草封锁在一定的范围内，防止其扩散蔓延，并积极采取有效措施，逐步予以肃清；

第三，当危险性森林植物病、虫和杂草传入新地区时，应采取紧急措施，及时就地消灭。

在自然条件下，多数森林植物病、虫和杂草很难越过高山或海洋进行远距离传播，但人为传播则不受此限制。随着近代交通运输事业的发展，林产品的交流日益频繁，这就更增加了森林植物病、虫和杂草的人为传播机会。实施森林植物检疫的主要目的，就是通过检疫机构，严格执行检疫法规，来防止某些危险性森林植物病、虫和杂草的人为远程传播，以保护非疫区免受危险性病、虫和杂草的危害。

第二节　森林病虫害防治

一、林业防治方法在森林病虫害防治中的意义和作用

森林是森林病虫的生活环境。各种森林病虫的生活习性和发生规律不同，其生存、繁衍和栖息的环境各异，因此在不同类别的森林内，其病虫种类、数量和危害情况也不一样。提高林木的培养技术，加强森林的经营管理，把防治森林病虫的目的贯穿于林业生产的全过程，利用一切林业技术措施，创造不利于病虫而有利于林木生长发育的生态环境条件，从而对林木生育起促进作用，抑制森林病虫的发生与危害，这是贯彻“预防为主、综合治理”方针的根本措施。

森林病虫害种类多，分布广、发生面积大、对林木危害严重。森林病虫害成灾，主要是长期忽视自然生物间相互制约关系，恶化了森林生态环境导致生态平衡失调而引起的。按生态学原理，在任何一个正常的

生态系统中，能量流动和物质循环总是不断地进行着；但在一定时期内，生产者、消费者和还原者之间通常保持着一种动态平衡状态。近年来有人提出“生态防治”的观点。所谓“生态防治”，是指以生物动态平衡原理为指导，通过调整与协调森林生态系统中各个因素之间的相互关系，使其保持生物间的动态平衡，以达到控制或抑制森林病虫害的目的①。

生态防治可分为自然生态防治和人工生态防治两个方面。自然生态防治是自然本身的调节作用；人工生态防治是在人的参与下，在破坏或失调的森林生态系统中，人为地采取林业技术措施等促进生物间恢复和保持动态平衡，来控制森林病虫害的方法。人工生态防治应以森林培育技术措施为基础，以生物控制为核心，以经营管理为保证。由于化学防治的局限性和弱点，既不能也不应在生态防治中占重要地位，只能成为一种偶尔利用的打击手段，在调整生物平衡时合理运用。森林培育技术措施和林木的经营管理，构成林业防治方法的主要内容。森林培育技术措施直接影响森林的形成和发展方向，决定着森林生态的特征；林木的经营管理是充分发挥森林培育技术措施及生物控制作用的必要条件。事实证明，任何一项有效的防治技术若不与经营管理相结合，都很难充分发挥其防治森林病虫害的潜能。

林业防治方法基本属于预防性措施，但有的技术措施也兼具除治作用，如结合抚育采伐，伐除病腐木、虫害木等。林业防治方法是森林病虫害防治方法的基础，它不仅与其他方法之间存在着密切联系，而且在很多病虫防治中起着重要作用。如松毛虫是松类林木的主要害虫，分布全国，经常造成灾害，我国每年受害面积均以百万公顷计，经济损失巨大；尤其在松林郁闭度小、植被覆盖率低、树种单纯、天敌种类少、立地条件差、气候高燥低湿的林地，松毛虫更易成灾。过去，人们运用化学防治或生物防治，虽取得显著的防治效果，却不能有效地长期控制松

①张旭．生物技术在森林病虫害防治中的应用[J]．林业科技情报，2023，55(04)：110-112.

毛虫的危害。20世纪70年代以来，人们逐渐认识到综合治理的重要性，开始运用林业技术措施与生物控制、化学防治等相结合的综合治理措施，才使很多林区从常灾区变为无灾区。如四川省广安县从1970年开始，重点抓了封山育林措施；配合封山育林，进行合理的抚育间伐，人工更新、改造单纯林为针阔叶混交林、保护植被和提高森林郁闭度等林业技术措施，不仅促进了林业生产的发展，同时也有效地控制了松毛虫的危害，20世纪80年代以来，松毛虫再未成灾。

林业防治方法投资少，经济安全，不伤害天敌，密切与林业技术措施相结合，因此能长期地控制病虫发生与危害。其局限性是很多林木病虫单靠林业技术措施不能完全奏效，病虫发生以后，还必须结合应用其他方法来进行防治。

二、林业防治方法的应用

（一）育苗措施

培育健壮的树苗，不但可提高造林成活率，有利于林木的生长发育，而且能提高苗木对病虫的抵抗能力，减轻或免除病虫的侵害。

1.苗圃地的选择

地势低洼积水、土壤黏重、阳光过弱，或山冈薄地、重盐碱地等，都不宜作苗圃地。山地育苗，宜选植被茂密、土层深厚、背风避寒的阴坡或半阴坡地，以东北向较好。尽量选用腐殖质含量多、病虫害少的生荒地或弃耕10年以上的老荒地。地势要平缓，坡度不可超过30度，部位应选在山坡中部稍下的地方或山洼小块阶地。落叶松、马尾松、刺槐等幼苗立枯病，也侵害棉花、黄麻、红麻、甘薯、豆类、甜菜、花生及大多数蔬菜作物，这些作物的茬地积有较多的立枯病菌，故不应在这些作物的茬地上设置苗圃地，以防苗木立枯病的发生。生产实践证明，选择林间空地或生荒地进行落叶松育苗，可避免或减少苗木立枯病的危害。

2.整地施肥

冬耕深翻既能改良土壤结构，蓄积水分，促进苗木健壮生长，又能将土壤深层的地下害虫翻到地表，为鸟兽所食，也可把表土层的病菌和害虫翻入土层深处，恶化其生活环境条件，增加死亡率。苗圃中耕，可消除杂草，疏松土壤，改善苗木的生长条件，促进苗木生长，提高苗木抵抗病虫的能力。苗圃地土壤肥力较差时，为提高苗木的产量与质量，应做到合理施肥。施肥要以有机肥料为主，适当配合施用化肥。厩肥、饼肥、堆肥等，用前要堆制腐熟，否则易招引种蝇及金龟甲等前来产卵；或在土内发酵时烧伤幼苗根皮，影响幼苗正常生长，招致某些根部病害的侵袭。施肥时要注意各种肥料成分的合理配合，以防苗木产生某些缺素症状，引起生理病害发生。速效性氮肥一次不可使用过多，以免引起苗木徒长，降低抗虫、抗病和抗寒能力。追肥应根据苗木对养分的需求情况，分期施用不同种类和用量的肥料；7月以后不宜再追肥，以防徒长，因幼苗来不及木质化，易受冻寒，为某些病虫发生危害提供条件。

3.适时播种

适当调整播种时间，把幼苗最易受害期与病虫危害盛期错开，可避免或减轻某些病虫的危害。如落叶松和杉木，以旬平均气温达10℃以上时播种较宜，种子发芽快，苗木生长健壮，抗病性强。播种过早，苗木出土慢，种子在土壤内时间过长，易发生种芽腐烂，播种太迟，幼苗出土后正遇梅雨季节，易受幼苗猝倒病和立枯病等的侵害。

4.轮作

除杂食性害虫外，一般病虫均有其一定的寄主范围。将某些常发病虫的寄主植物与非寄主植物进行一定年限轮作，可避免或减轻某些病虫的发生与危害。杨树育苗不宜重茬，宜与刺槐、松、杉等进行轮作；毛白杨锈病与根癌病通过轮作，发病率可明显降低。松等有菌根的树种，有人主张可以连作，以充分发挥菌根的作用；但如苗期病虫严重，也可与杨、柳、板栗等进行轮作。

5. 土壤和种子消毒处理

消毒处理的目的，是消灭潜存于土壤和种子中的病菌和害虫。土壤消毒处理的方法有高温处理和药剂处理。高温处理可用烧土法，也可用火焰土壤消毒机进行处理。药剂处理：常用的有福尔马林、五氯硝基苯混合剂、硫酸亚铁、敌克松、辛硫磷、甲基异柳磷等。土壤和种子的药剂处理，可参阅化学防治方法。

6. 圃地管理

圃地播种后用草帘等覆盖地面，不仅有保温保湿作用，有利于种苗萌发出土，而且对病虫有隔阂作用。苗圃合理浇水，既能满足苗木生长对水分的需要，在高温季节又能降低苗圃温度，有减轻幼苗被阳光灼伤的作用，在地下害虫危害严重时浇水，使金针虫及蛴螬等向深层移动，而蝼蛄等则迁移到田边地埂上去，可暂避或减轻其危害。苗期浇水过多，苗床过湿，有利于立枯病和猝倒病的发生。苗期多雨或圃地易积水时，要做好排水工作，防止幼苗遭受水淹或招致某些病虫危害。要及时做好中耕除草工作，消除潜藏在杂草中的虫卵和病菌。严防发生草荒，不则易引起地老虎、斜纹夜蛾等害虫大量发生。

（二）造林措施

造林时，整好造林地，做到适地适树。选择合理的林型等，不仅对提高造林成活率有重要作用，而且对防治病虫害也有一定效果。

1. 整好造林地

整好造林地，可改善立地条件，有利于苗木的成活和生长发育，从而增强其对病虫的抵抗能力。结合整地，铲除杂草，可清除蚜虫、地老虎等害虫的栖息地，减少虫口密度，降低其危害程度。

2. 适地适树

适地适树就是使造林树种的特性与造林地的立地条件相适应。它是林木速生丰产的六项措施之一。如泡桐适于在土壤疏松、土质肥沃、排水良好的立地条件下生长，若把泡桐栽植在土壤黏重而易积水的地方，不但生长不良，且易发生泡桐腐烂病；刺槐栽在黏重和积水处，也易因水湿和缺氧而发生烂根死亡。杉木栽植于瘠薄干旱的丘陵地带，往往黄化病严重。云杉等耐阴树种，宜栽植于阴湿地段；桧柏、油松等喜光树种，则宜栽于比较高燥向阳的地方。在盐碱地上造林，因林木生长不良，常易引起次期害虫的大发生。

3.营造混交林

营造针阔叶混交林，对预防病虫害的发生有重要意义。实践证明，大面积地营造单纯林，对病虫害的发生和蔓延带来有利条件，从而给防治工作造成很多不利之处。混交林的树种和植被比较复杂，生物群落较丰富，昆虫种类比单纯林多，有些昆虫对林木危害不大，但它们往往是一些寄生性天敌的补充寄主，在主要害虫数量少的年份或季节，使天敌不致因缺乏寄主而凋落，因而混交林内害虫的被寄生率通常都高于单纯林。混交林郁闭度大，林层复杂，林内温度低，湿度大，害虫发育慢，活动受一定的阻碍。单纯林树种单一，植被稀少，天敌较少，害虫容易成灾。故保护林内灌木、杂草及蜜源植物等，有利于寄生天敌的栖息与补充营养，为天敌昆虫创造良好的生存条件。

4.提高造林技术

选择苗木最易发根的季节造林，缩短苗木的移植缓苗期，可减轻天牛、古丁虫等次期害虫的危害。在地下害虫危害较重的地区造林，移植穴施用辛硫磷或甲基异柳磷毒土处理，可防治地下害虫。移植时剔除病苗、虫苗；或栽植前后，通过合理修剪，除去有病虫的枝叶及顶梢，并将带病虫部分烧毁或深埋，可防止病虫蔓延扩散。但修剪要适度，过度修剪会削弱树势，易招致次期害虫发生。

（三）营林措施

对林木进行合理的经营管理，既可提高林木产量，增进材质，同时可改善林木生长环境，对病虫害有明显的抑制作用和防治效果。

1.封山育林

封山育林就是禁止人、畜对森林植被的继续破坏，保护尚存林木及其天然更新能力，并针对森林植被的自然状况，加以适当的人工促进或

改造措施，使其按照人们的培育目的迅速成林。对封禁的林区要加强管理，配合适时播种、适地补苗、“栽针保阔”、抚育管理等人工技术措施，使林区较快地形成茂密的混交林，丰富生物群落，增多天敌数量，以控制森林病虫的发生危害。

2.幼林的抚育管理

幼林抚育间伐，对抑制林木病害有很大作用。如针叶幼林郁闭度过大，通风透光条件差，松落针病易于发生；林间湿度高的幼年松林，松疱锈病发生严重。但松毛虫一般在郁闭度小、植被覆盖率低、树种较单纯的松林中易于成灾。人工整枝是一项重要的林木抚育措施，结合整枝修剪，清除受病虫危害的枝叶，如毛白杨桑天牛、透翅蛾、蚜虫及枯枝病等，将其集中烧毁或深埋，可预防其蔓延扩散，去除后患。但整枝不当，也常会引起某些病虫的发生，如刺槐、杨、柳等阔叶树的枝茬修剪不平，夏季伤口处易积水，引致树木发生心材腐朽，或遭受串皮虫侵害；修剪过重，能削弱树势，招致小蠹虫等次期害虫危害。杉木、云杉、杨树、建柏、落叶松、水曲柳等直干性较强的树种，在郁闭前一般不宜修枝，以免影响幼树同化面积，使林地强度透光，引起杂草滋生。在缺材地区，为取得薪材而过多修枝是极为有害的，必须采取措施予以限制。

3.成林的抚育管理

成林抚育管理的主要目的是调整和改善森林的组成和林内的环境条件，促进林木生长，从而提高林木的抗病、抗虫能力。在森林生育的各个时期，应根据其不同特点，适度进行抚育伐和卫生伐，及时消除枯立木、风倒木、风折木、濒死木及有次期害虫、立木腐朽菌和严重机械损伤的树木，以防病虫蔓延。成熟林必须及时采伐，在采伐作业中应贯彻采育结合的方针，采用合理的采伐方式。不合理的采伐方式，不但会给采伐迹地更新带来困难，破坏森林生态环境，而且常引起某些病虫的蔓延危害。采伐后，要及时清理采伐迹地。采伐的原木必须在6月份以前运出林外，或进行刮皮处理，因很多小蠹虫等次期害虫易在皮层内繁殖，如不运出林外，成虫羽化后会在林内蔓延危害。迹地伐桩、粗大的枝丫等，也要及时处理，以防害虫滋生扩展。采伐迹地剩余物，应根据各地的具体条件，采用运出利用、截碎促其腐烂或用火烧毁等方法处理。对低价值的林分，应采取适当措施进行改造。对以非目的树种占优势而无培育前途的林分，可将非目的树种全部伐除，然后在采伐迹地上及时进行更新，提高林分利用价值，改善林分生态条件，提高林木的抗病、抗虫能力。对林木密度过小的疏林，应增栽适于当地立地条件的树种，改善林木组成，提高林分密度，使其成为针阔混交林，以减轻某些病虫的危害。对林相残破、疏密不均的劣质低产林，可用留优去劣的择伐法进行改造，伐除生长衰弱、有病虫危害、无培育前途的林木，在伐除林木附近补栽生长健壮的优良树种。在人为活动频繁、森林易遭破坏地区，要采取封山育林措施。

第三节　林火预报与监测通信

我国的森林防火方针是“预防为主，积极消灭”。林火预报是贯彻森林防火方针的重要措施，也是营林用火和进行森林火灾预防和扑救的依据。它能使森林防火工作在全面安排的同时，做好重点防范和集中部署，减少森林防火、灭火工作中的盲目性，有效提高森林防火工作的目的性、计划性。

一、林火预报的概念

林火预报指通过测定、计算一些自然和人为因子，来预测和判断林火发生的可能性、林火控制的难易程度以及林火可能造成的损失的技术和方法。林火发生的可能性大小及可能造成的损失程度，常用森林火险

来描述。所谓森林火险，是指影响林火发生发展的各种稳定因子和变化因子综合作用的结果，它可以在一定时间和空间内采用一系列影响林火发生、发展及结果的指标，来进行定性或者定量的综合评价。为了反映森林火险程度的差别，常选择一些森林火险因子，通过综合分析评价得到一个数量指标系列，然后将其分成若干等级。这些能够反映森林火灾危险程度差别的数量指标系列，即为森林火险等级。森林火险等级预报是林火预报的基本内容。林火预报首先考虑的就是某个特定区域范围内，经常变化的森林火险程度。

从宏观林火管理的角度，人们常把一个行政区或林区按照森林火灾危险程度的差别，进行区域范围的划分，即森林火险区划。森林火险区划不考虑短期的、频繁变化的、不确定的火险因素，而重点考虑某地区主要的、稳定的火险因子，分析和预测的是较长时间范围的（一般5~10年）、稳定的森林火险状况。因此，森林火险区划对森林火险的评估是静态的，划分的森林火险等级具有相对稳定性。森林火险区划虽然不同于森林火险预报，但却是林火预报的基础。世界上先进的林火预报系统都以一定的火险区划等级，作为生成林火预报结果的前提。总之，林火预报是在森林火险静态分析的基础上，进行的动态森林火险的预估和判断[①]。

二、林火预报的类型

世界上，用于进行林火预报的方法超过100多种，但归纳起来可分为火险天气预报、林火发生预报和林火行为预报三种类型。

1.火险天气预报

主要根据气象因子来预报森林火险天气等级，预测发生森林火灾的可能性，它不考虑火源条件。所选择的气象因子通常有气温、相对湿度、降水、风速、连旱天数等，这些因子是随时间和地点经常发生变化

①高艳霞.林火监测与预警在森林防灭火中的运用探究[J].南方农业，2020，14(27):86-87.

的，它们与可燃物含水率有密切关系。

2. 林火发生预报

根据林火发生的原理，综合考虑了气象因子（气温、相对湿度、降水、风速、连旱天数等）、可燃物状况（干湿程度、载量、易燃性等）、火源条件（种类、分布、频度）、人为活动以及社会经济等多种因子，来预报林火发生的可能性。这类预报方法还考虑了随地点变化明显，但随时间变化不明显的半稳定因子，如火源、可燃物及社会经济状况等，这类因子与一个地区稳定的森林火险程度有关。

3. 林火行为预报

这种方法充分考虑了天气条件和可燃物状况，还分析地形（坡向、坡位、坡度、海拔高等）的影响，预测林火发生后火蔓延速度、火强度、火场面积、火线长度等火行为指标。

林火预报因子的选择对预报精确度的高低影响很大。火险天气预报由于没有考虑稳定、半稳定因子，难以准确预报不同地点森林火险程度的差异。林火发生预报和林火行为预报的精度就高些。但是任何高精度的林火预报方法都要以火险天气预报为基础。上述三种林火预报类型所考虑的火险因子大致模式为：

气象要素→火险天气预报

气象要素+可燃物状况+火源→林火发生预报

气象要素+可燃物状况+火源+地形→林火行为预报

三、林火预报的研究方法

林火预报的研究方法与林火预报种类有密切相关，常用的林火预报研究方法有以下几种。

1. 利用火灾历史资料研究

该法是通过对历史上森林火发生的天气条件、地点、时间、次数、火源等进行统计与分析，预报森林火险的一种研究方法。其预报的准确程度与资料的可靠性、分析手段、火险因子的选定和预报范围等有密切关系。其准确率较低。

2.利用可燃物含水率与气象要素关系研究

该法要长期定点观测不同可燃物类型的可燃物含水率，尤其是细小可燃物含水率，通过研究，以便找出它们和各种气象要素之间的相关性，来进行林火预报。

3.利用点火试验研究

这种方法也叫以火报火。主要通过点火试验，研究不同可燃物类型与各气象要素关系来进行林火预报。点火试验以野外点火试验和室内模拟点火试验相结合。

4.综合法林火预报

该方法是将可燃物含水率和气象要素之间关系，与点火试验结合起来进行林火预报。该方法准确性较高，预报的内容多而全面，目前世界各国都向这一方向发展。

5.利用林火模型研究

根据热力学和动力学原理，通过电子计算机建立物理、数学方面的林火动态方程，进行林火预报模拟，再到野外通过试验进行修正。其预报精度高，是当前世界林火预报的发展方向。

四、林火气象观测设备与使用

1.林火气象站的仪器设备

要获得充足而准确的火险天气预报数据，需要在林区建立林火气象观测站。固定的林火气象观测站，应配备百叶箱、雨量筒、风速仪、小型蒸发器、植被槽等。同时，在不同立地条件还应设置不同种类的可燃物（如火险棍），来测定可燃物含水率。

2.林火气象因子观测

林火气象因子观测是林火预报的第一步，是林火预报准确与否的关键。气象观测因子包括常规的空气温度、空气相对湿度、风、降水、可燃物含水率等。

（1）空气温度

主要观测干球温度、湿球温度、最高温度、最低温度，分别用干球温度表、湿球温度表、最高温度表、最低温度表观测。干湿球温度表用于查算相对湿度、最高和最低温度，还可以计算一天24小时的平均温度。

（2）空气相对湿度

用干湿球温度表查算相对湿度表或者用通风干湿表、温湿度计、毛发湿度表直接观测相对湿度。

（3）风

一般取2分钟内的平均风速值和最多风向值。定点观测用电接风向风速仪，野外观测常用轻便风向风速仪。

（4）降水

降水多数情况下考虑降水量与降水强度，降水量测定常用比较简单的雨量筒或自记雨量计，单位为毫米。

（5）可燃物含水率

利用火险棍测定可燃物含水率，并进一步来推算其他可燃物含水率。此法能比较准确、方便地取得可燃物含水率的初期变化规律。

火险棍的制作一般选用松属木材，其规格可根据要测定的可燃物大小来确定。制作后，首先要将棍烘干，测定其绝干重量，然后将其放入野外，定时称重，测定可燃物含水率的变化。美国有几种专门用来称火险棍的天平，使测定工作大为简化。

五、地面巡护

地面巡护就是森林防火专业人员如护林员、森林警察等，采用步行或乘坐交通工具（马匹、摩托车、汽车、汽艇等）按一定的路线在林区巡查森林，检查、监督防火制度的实施，控制人为火源，如果发现火情，还要积极采取扑救措施。地面巡护是控制人为火发生的重要手段之一，适用于对人工林、森林公园、风景林、游憩林和铁路、公路两侧的森林进行火情监测。

（一）地面巡护的任务

1.严格控制火源，消除火灾隐患

严格控制非法入山人员，特别是盲目流动人口，入山人员必须持有入山许可证。必要时采用搜山的方式。

检查和监督来往行人、林区居民以及森工企业对森林防火法律制度、规章的执行和遵守情况。制止违章用火和各种危害森林的行为。

检查野外生产、生活和其他用火情况，坚决制止违反防火法令的行为。在防火期内，对野外吸烟、上坟烧纸、烧荒等野外弄火人员，视情节轻重，给予批评教育或依法处理。

预防和制止坏人的纵火行为。

2.及时发现火情，迅速报告，积极扑救

地面巡逻时，一旦发现火情，要尽快确定火的位置、种类、大小，及时向森林防火指挥部报告，同时还应迅速奔赴火场进行扑救，力争尽快将火扑灭。如果火势较大无法控制火势，应及时请求支援。

3.配合瞭望台进行全面监护

要深入林区瞭望台观测的死角地区进行巡逻，弥补瞭望台监测的不足，提高林火监测覆盖率。

（二）地面巡护路线和时间的确定

1.地面巡护路线的确定

地面巡护可由单人或两人以上组成的巡逻组承担。地面巡逻小组的巡护路线，要根据每个小组管辖区内的森林火险区划等级，及火源可能出现的次数多少来确定。巡逻路线一般要尽量选择通过高火险地区和火源出现频繁的地段。在高火险天气或火源频繁出现的地区，应增加地面巡护路线长度。

2.地面巡护时间的确定

在防火期内，每天都应进行地面巡护。地面巡逻人员可以视火险天气状况和责任地段火险区划等级的高低，增加或适当减少每天巡护的时间。在高火险天气里或在防火戒严期间，对火险等级高的地段，要进行昼夜巡逻。一般来说，巡逻的时间以3.5~4小时为宜，即在8小时之内，巡逻组可分两次通过同一巡护地段。巡逻行进的速度应以能够细心观察周围的目标为宜。一般步行速度宜为3千米/小时；巡逻艇速度宜为10~15千米/小时；摩托车和汽车速度宜为15~20千米/小时。

六、瞭望台监测

瞭望台监测是利用地面制高点上的瞭望台（塔），定点进行森林火情观测、火点确定并能实施报警的一种林火监测方法。瞭望台可以弥补地面巡逻的不足，明显扩大监测覆盖面范围，能及时、准确探测火情，对于及时组织森林火灾的扑救有着重要的作用。瞭望台监测是我国目前探测林火的主要方法。

（一）瞭望台址的选择

瞭望台的选址，应尽量减少盲区，同时还要具备比较方便的生活条件。所谓盲区，是指瞭望监测所不能覆盖的区域。要减少盲区，瞭望台就应设在林区生产经营活动区域的制高点上，并在林场、居民点附近。对于森林面积大、人口较少的林区，应先确定瞭望区，然后再进行瞭望台选址。瞭望区应是森林火灾经常出现、森林火险等级较高、火源多的地块。

（二）瞭望台分布的密度

瞭望台分布的密度，应遵循使每座瞭望台观测半径相互衔接并形成网状。瞭望台网要能覆盖全区域，使监测地区基本没有“盲区”为原则。一般来说，北方林区地势平坦，瞭望台可以每隔15~25千米设置一个；南方林区地势陡峭、复杂，两个瞭望台之间的距离一般为10~15千米，即在0.78万~1.76万公顷面积上设置一个瞭望台。需要特殊保护的森林，两台之间的距离可缩小到5~8千米，瞭望台成网覆盖重叠面积约占三分之一。

（三）瞭望台的结构与设备

瞭望台可采用钢架结构或砖石结构，短期或临时性的可采用木（竹）结构，台上应配备以下设备：

1. 避雷装置

为了保护台架不受雷击，保护瞭望人员的安全，必须装配避雷装置。

2. 通信设备

安装电话、短波或超短波无线电对讲机、太阳能电源或风力发电机，以保证发现火情后能及时传递信息。

3. 瞭望观测设备

高倍望远镜（40倍、10倍），方位刻度盘，罗盘仪或定位经纬仪，地形图、林相图、计时器等。

4. 扑火工具

灭火钢刷、铁锹、斧头等。

5. 气象观测设备

便携式综合气象观测箱或小气候观测设备。

6. 办公用品和生活必需品

包括记录簿、绘图用品、收音机（收听天气预报和森林火险预报）、防御武器及其他生活用品。

（四）对瞭望员的素质要求

身体健康，有良好的视力，精力旺盛。有较强的工作能力，责任心强。有一定的通信和防火知识。能熟练使用和维护瞭望台的仪器设备。具有较好的瞭望技术。熟悉火情报告的基本内容，能记录、分析和整理火情资料。

（五）瞭望台观测技术

1. 火情观测方法

通常，在瞭望台上白天大多是通过观察是否出现烟雾或者烟柱来确定有无火情的。根据烟的态势和颜色等，大致判断林火的种类和距离。但根据烟的态势和颜色对林火的判断，在南方与北方林区是有差别的。实际工作中，可以相互参考，综合分析瞭望台监测火情的情况，然后做出判断。

（1）北方林区

根据烟团的动态可判断火灾的距离。烟团升起不浮动为远距离火，其距离约在20千米以上；烟团升高，顶部浮动为中等距离，15~20千米；烟团下部浮动为近距离，10~15千米；烟团向上一股股浮动为最近距离，约5千米以内。根据烟雾的颜色可判断火势大小和林火种类。白色断续的烟为弱火，黑色加白色的烟火势一般，黄色的浓烟为强火，红色的浓烟为火势猛烈的火。另外，黑烟升起，多为上山火；白烟升起，为下山火；黄烟升起，为草塘火；烟色浅灰或发白，为地表火；烟色黑或深暗，多数为树冠火；烟色稍稍发绿，可能是地下火。

（2）南方林区

根据烟的浓淡、粗细、色泽、动态等可判断火灾的各种情况。一般野外人为用火烟色较淡，森林火灾烟色较浓。生产用火烟团较细，火烟团慢慢上升；火灾烟团较粗，烟团直冲上天。未扑灭的山火烟团上冲，扑灭了的山林火，烟团保持相对静止。近距离山火，烟团冲动向上，能见到热气流影响烟团摆动，林火的颜色明朗；远距离的山火，烟团凝聚，火的颜色迷蒙。天气久晴，火灾颜色清淡；天气久雨放晴，火灾颜色则较浓。松林起火，烟呈浓黄色；杉木林起火，烟呈灰黑色；灌木林起火，烟呈深黄色；茅草山坡起火，烟呈淡灰色。晚上的生产用火，发出红光部位低而宽；晚上的森林火灾，发出红光部位宽而高。

2. 火情定位

在瞭望台上主要用交会法确定森林火灾的方位和距离。交会法需要2 ~ 3个瞭望台共同完成。具体做法是：在发现火情后，邻近2个瞭望台同时用罗盘仪观测起火点，记录各自观测的方位，相互通报对方，并报

告防火指挥部。防火指挥部根据测定的方位角，在地形图上就可以确定森林火灾发生的地点。

目前，一些先进的技术和手段已应用到瞭望台上，如采用红外探测仪，进行夜间或大雾天气情况下的林火监测；利用超低度摄像机和图像显示系统进行电视探测；采用林火定位仪来确定林火的位置等。一些林火探测的高技术和传统瞭望台的结合，使地面瞭望台在林火监测中的作用更加突出。

参考文献

[1]陈旭.现代林业生态园总体规划研究[D].合肥：安徽农业大学，2018.

[2]单丽娟.地理信息系统在现代林业中的应用[J].造纸装备及材料，2023,52(09):134-136.

[3]邓必平.任务驱动式项目教学法在“森林资源经营管理”课程教学中的探索与应用[J].现代园艺,2023,46(19):166-168，171.

[4]邓须军.海南热带森林资源变动下经济、社会和生态协调发展研究[D].哈尔滨：东北林业大学,2018.

[5]高鸣晓.辽宁省优化检查站布局强化森林植物检疫职能[J].国土绿化,2023(08):46-47.

[6]高艳霞.林火监测与预警在森林防灭火中的运用探究[J].南方农业，2020,14(27):86-87.

[7]韩雪婷.人居环境科学理论指导下的村庄整治规划初探[D].北京：北京交通大学,2016.

[8]胡安玲,高如叶.森林资源监测中林业3S技术应用现状与展望[J].种子科技,2020,38(13):126-127.

[9]李丹.林业生态建设影响因素及对策研究[D].哈尔滨：东北农业大学,2015.

[10]郦可.绿色发展理念下林业生态保护的路径探索[J].黑龙江环境通报,2023,36(09):110-112.

[11]马建清.浅谈防沙治沙与林业生态环境保护措施[J].农业灾害研究,2021,11(10):89-90.

[12]闵筱筱.现代农业观光园生态规划途径研究[D].郑州：河南农业大学,2014.

[13]王本洋,周双云,徐誉远，等.我国高分遥感近十年林业应用研究进展[J].湖南生态科学学报,2023,10(04):110-119.

[14]王迎.我国重点国有林区森林经营与森林资源管理体制改革研究[D].北京：北京林业大学,2013.

[15]杨玉清.江淮分水岭地区现代林业示范区规划研究[D].合肥：安徽农业大学,2020.

[16]张朝辉.东北国有林区林业产业生态位演化研究[D].哈尔滨：东北林业大学,2014.

[17]张琦.黑龙江国有林区现代林业产业生态系统构建研究[D].哈尔滨：东北林业大学,2016.

[18]张旭.基于可持续发展理论的资源型城市人居环境综合评价研究[D].大连：辽宁师范大学,2021.

[19]张旭.生物技术在森林病虫害防治中的应用[J].林业科技情报,2023,55(04):110-112.

[20]赵成美.生态经济学理论研究的挑战与取向[D].济南：山东师范大学,2012.

[21]赵持云.探讨生态环境保护下的林业经济发展[J].山西农经,2022(15):120-122.

[22]郑刚,卞亚文,戎慧.基于国土三调及其变更调查数据的江苏省林地范围内小班优化更新方法探析[J].南方农业,2022,16(20):122-126，130.

[23]周国逸,陈文静,李琳.成熟森林生态系统土壤有机碳积累：实现碳中和目标的一条重要途径[J].大气科学学报,2022,45(03):345-356.